LA MÉCANIQUE DES FLUIDES

André MANOUKIAN

LA MÉCANIQUE DES FLUIDES

Michel LAFON

7-13, boulevard Paul-Émile-Victor – Île de la Jatte
92521 Neuilly-sur-Seine Cedex
www.michel-lafon.com

À Élise...

« Ô Dieu, accordez-moi la chasteté, mais pas tout de suite. »

Saint AUGUSTIN, *Confessions* (VIII, 17)

« *Cave Carmen* ! Prenez garde au charme...
Mais non point : refusez d'être charmés ! »

Vladimir JANKÉLÉVITCH, *La Musique et l'Ineffable*

« Il faut bander pour ton artiste,
sinon tu ne peux pas bosser pour lui. »

D., producteur anonyme

Un jour j'ai découvert le côté féminin de la Force. Une évidence. Simple et fulgurante. Un principe aussi dense qu'un fluide vital. Il me fut révélé par le chant d'une jeune femme qui venait d'enfanter...

La voix, portée par le larynx *(organe sexuel secondaire que les Hindous appellent « porte des dieux »)*, l'arme des Sœurs au combat du Bene Gesserit *(Dune)*, le chant des Sirènes torturant Ulysse, le Verbe de l'évangile de saint Jean, l'incantation du chamane guidant la transe de l'initié... la voix, féminine, allait définitivement guider le reste de mes actions, le flux de ma vie et des amours qui l'accompagneraient...

Plutôt que de combattre inutilement cette trop puissante magie, j'ai tenté ici de décrire le processus d'enchantement qui me gagne, chaque fois qu'une jolie fille chante *Fever* en claquant délicieusement des doigts à contretemps.

PREMIÈRE PARTIE

L'initiation

I

Le Branleur magnifique

1970

Ma mère prend un air grave et embarrassé. Je n'ai encore jamais vu cette expression sur son visage. Elle s'installe dans le grand canapé de velours rouge au style Louis XV incertain du salon, et me fait signe de m'asseoir à son côté. Missionnée par mon père pour me faire passer un message de la plus haute importance, elle cherche ses mots. Du haut de mes treize ans, je rembobine à toute vitesse la liste des récents événements susceptibles de provoquer un tel désarroi. Mon regard se porte sur un gros cendrier de cristal dans lequel un cône d'encens à moitié consumé repose sur un petit tas de poudre grise, vestige du supplice de la veille...

*
* *

Tout commença par un coup de sonnette qui surprit ma petite famille attablée dans la grande cuisine en plein repas de midi. Ma mère comprit vite.

– Oh là là, c'est lui ! Carmen, allez ouvrir la porte.

Elle courut dans la salle de bains vérifier qu'un résidu de salade n'entachait pas son joli sourire pendant que ma sœur et moi nous précipitions en joyeuse panique vers nos chambres ; mon père, calmement, replia sa serviette avec l'air du cowboy voyant arriver le duel qu'il a essayé d'éviter durant tout le film...

À grands roulements d'yeux, ma mère nous rassembla et nous propulsa dans le salon. Surgi du fond des âges, un immense fantôme barbu coiffé d'un grand chapeau pointu et vêtu d'une robe noire incrustée d'une croix dorée nous attendait patiemment. Comme chaque année à la Pâque orthodoxe, il venait bénir la maison. Sourire commerçant de ma mère qui nous poussait maintenant dans la barbe parfumée de l'archidiacre arménien de Lyon ; vague salut de mon père ; Carmen, tête baissée, déjà tout en contrition espagnole, lui baisa la main.

Nous nous plaçâmes en cercle autour de lui. Sur la table basse du salon, il disposa ses instruments sortis d'une mallette sans âge, avec l'attitude calme et détachée du chirurgien préparant ses outils avant l'opération.

Il claqua le soufre d'une allumette, la flamme lécha un petit cylindre de charbon noir sur lequel il posa délicatement une pépite d'encens blanc extraite d'une boîte en laiton qu'il referma soigneusement de plusieurs tours d'un large élastique. L'air crépita, la fumée âcre et odorante se répandit. Mon père se renfrogna.

Une bible incrustée d'argent jaillit dans sa main gauche pendant que sa main droite armée d'un petit crucifix dessinait des croix dans une coupelle de sel, sur une tranche de pain, dans un verre d'eau, sur nos têtes. Pour finir, il porta le petit christ doré à nos lèvres, puis le nettoya consciencieusement afin d'éviter le partage de nos miasmes et il l'embrassa à son tour.

Et le voilà qui partit d'une voix de baryton basse en psalmodie grégorienne datant du IVe siècle après Jésus-Christ.

Carmen, ma sœur et moi, sans comprendre un traître mot, fûmes fascinés par ce chant antique qui renvoyait illico ma mère à un recueillement douloureux. Je guettais mon père du coin de l'œil, entre appréhension et délice transgressif. Bingo ! Ses mouvements de tête désordonnés annonçaient qu'une lutte sans merci avait commencé, et déjà des spasmes avant-coureurs en indiquaient l'issue fatale : comme chaque année, il allait succomber à un fou rire dévastateur. Ma mère sortit de sa douleur et le fusilla du regard, ça le calma trente secondes, puis à nouveau ses épaules furent secouées, un rictus déforma son visage ; il tenta une apnée violemment déchirée par de bruyantes prises de respiration. Le mal était contagieux, ma sœur et moi fûmes bientôt atteints mais Carmen nous corrigea aussi sec d'une baffe rapide autant que silencieuse. Elle regretta, et nous avec, de ne pouvoir en faire autant à mon père qui partit se gondoler dans les aigus en contre-chant parfait à la basse continue du pope grégorien imperturbable.

La litanie de la bonne nouvelle (Jésus est vivant et de retour parmi nous...) dura une éternité qui finit par shunter les spasmes paternels et ce fut dans un apaisement général que retentit le dernier amen, nous laissant le reste du calendrier pour dealer avec le mystère de ce supplicié qui revenait d'entre les morts tous les ans à la même heure pour torturer mon père.

*
* *

– Voilà, ça fait quelques jours que je vois des taches dans tes draps, est-ce que tu te touches le zizi la nuit ?

– ....???

– André, c'est très grave, ton père est affolé. Sais-tu que ça peut rendre fou, ou bossu ?

– ....???

– Bon, quoi qu'il en soit, c'est notre rôle de parents de te prévenir. Il faut que tu arrêtes si tu ne veux pas finir à l'asile, tu me le promets ? À ton père aussi ?

Je promets, pressé d'en finir.

Ma pauvre mère ne sait pas qu'elle a en face d'elle un branleur professionnel. J'avais à peine six ans quand je fus réveillé en pleine nuit par une fulgurance dans le bas-ventre au sortir d'un rêve où je posais ma bouche sur les lèvres rouges de Blanche-Neige. Pas d'émission spermatique mais bel et bien mon premier orgasme, je le confirme à la lumière des milliers de branlettes que je devais pratiquer par la suite.

Dès l'âge physiologique requis, mes premiers coups de rein dans le Treca double face – je répugnais à user de la main – furent inspirés par l'élégante Diane Goudart, la mère de mon pote Julien, une belle bourgeoise catholique aux lèvres carmin, élancée sur des jambes interminables et qui avait l'amabilité, tous les soirs à la même heure, d'ouvrir son tailleur Chanel sur sa poitrine nue en renversant sa tête en arrière dans une cascade de rire cristallin qui révélait une dentition éclatante. Je lui tétais les mamelons comme un perdu, ne tardant pas à souiller copieusement le grand mouchoir à carreaux qui me protégeait désormais de l'inquisition maternelle et que je rangeais avec soin dans mon tiroir de chevet, une fois l'œuvre accomplie. Pour la peine, je dus me fendre d'une consultation oto-rhino chez le bon docteur Goudart, le propre mari de Diane, afin de rassurer ma mère qui, devant l'afflux soudain de ces glaires nocturnes, craignait une nouvelle attaque contre mes poumons. Une cuti malencontreusement virée à l'âge de cinq ans m'avait valu trois mois de préventorium à Chamonix ainsi qu'une vigilance maternelle à vie concernant les variations thermiques que je pourrais subir – pieds nus sur le parquet prohibés et hurlements garantis si cheveux pas séchés après le bain.

De temps en temps, Amandine, la bonne bretonne aux seins lourds et laiteux, nous surprenait dans notre étreinte et protestait gentiment d'un « et moi alors ? » auquel je m'empressais de répondre en enfouissant ma tête entre ses jambes, et je m'enivrais du fumet musqué de son entrecuisse pendant que Diane se caressait en gémissant et que je ressortais précipitamment mon mouchoir pour remettre ça.

C'était une fête à laquelle aucune fille de mon âge n'aurait pu participer...

II

Joëlle

1974

Il me fallut patienter encore quelques années avant le vrai premier baiser.

J'étais dans un lycée de garçons et cette malédiction conduisait nombre de mes camarades à une sexualité de jésuites.

C'est alors que, contre toute attente, l'année de ma seconde, une expérience de mixité fut tentée et trois filles débarquèrent au milieu de six cents garçons (sans compter les petites classes, nous étions trois cents bougres opérationnels).

Deux d'entre elles marcheraient sur la Lune, la troisième resterait en orbite.

Dès le lendemain de leur arrivée, un haut-le-cœur me fit cracher une bouchée de mon pain au chocolat de dix heures : Joëlle, la plus belle, cheveux rouges et taches de rousseur, était au bras de

Gilles, un mastard baraqué dont on n'avait jamais entendu le son de la voix. Nous les érudits, membres fondateurs du C.A.L.A.S. – le comité d'action du lycée Ampère-Saxe à Lyon, c'était pas rien, merde ! –, étions donc cloués au départ de la course, soufflés par un vague handballeur. Mais quel genre de gonzesse pouvait bien sortir avec un SPORTIF ?

Je décidai avec beaucoup de courage de me mettre à l'écart de cette compétition dont l'enjeu, désormais, ne m'inspirait plus que du dédain. N'empêche qu'autour de moi, les camarades tombaient comme des mouches et venaient agrandir quotidiennement le cercle d'admirateurs de la miss qui changeait de prince charmant chaque semaine.

Moi, j'étais tricard...

De voyages scolaires en Écosse en visite d'ashram hippie dans les Alpes-de-Haute-Provence, il y avait toujours un con qui jouait *El condor pasa* à la flûte des Andes, et Joëlle, ça la faisait triper, la flûte des Andes...

Tricard donc, à les regarder de loin, elle et ses prétendants, s'extasier sur des folklores de bas étage pendant que, aidé d'une poignée de résistants, je développais un cynisme philosophique de haut vol.

Mais bon, j'étais toujours de la branlette...

C'était pas humain, cette situation.

III

Birth, copulation and death

« *In Zen, they say, if something is boring you after two minutes, try three, then four, then...* »

– Zowie ! Tu déranges tes camarades avec ton rire stupide.

Molly vient d'arrêter brusquement la cassette d'initiation au bouddhisme zen avec laquelle elle donne son cours d'anglais. Robert essaie, non sans mal, d'arrêter le fou rire typique du yogi débutant. Molly attend patiemment le retour du calme puis de nouveau appuie sur le *play* du magnéto et la voix lente, atonale, monocorde reprend la litanie de l'ennui menant à l'extase : « ... *until you reach the experience of emptiness...* » Moi, j'ai choisi *Wilbur* comme prénom anglais, Robert a choisi *Zowie*, Monique Journoud, notre prof, se fait appeler *Molly*. C'est le procureur du tribunal correctionnel de Grenoble qui décrira le mieux son sacerdoce : « Telle la tunique d'Hercule qui s'enflamme au contact de la peau de celui qui la porte, votre mission vous a brûlée... »

Elle paraît toute petite derrière la barre, une enfant. Nous sommes tous allés à son procès pour la soutenir, mais aucun prof n'a daigné témoigner pour elle. C'est son tour de répondre aux questions du juge.

– Non, monsieur le président, je n'ai pas d'odorat, je souffre de sinusite chronique.

– Enfin, madame, vous n'avez pas reconnu cette odeur lourde, capiteuse ?

Il plisse les yeux, en connaisseur, frottant ses doigts d'un air presque gourmand.

– ... Enfin cette odeur âcre pourtant si caractéristique du chanvre ?

– Non, monsieur le président, je n'ai même jamais fumé de cigarettes, ça m'est interdit à cause de mon asthme, alors vous pensez, je suis incapable de distinguer l'odeur du tabac de celle du haschisch.

Un fils de famille s'était fait prendre avec du shit en sortant d'une de ses fêtes ; elle était dans le collimateur de l'administration pour ses méthodes peu orthodoxes qui nous réjouissaient tant. Sa mission : nous former à l'antique. Son programme : voyages initiatiques pour parfaire la connaissance de soi, réconciliation entre l'esprit et le corps – elle goûtera au passage quelques-uns d'entre nous, les plus désespérés sans doute. Nous vendions des brioches au porte-à-porte tous les dimanches matin pour financer des voyages d'études qui nous mèneraient d'Écosse au Pendjab ; elle dirigeait son petit monde avec l'énergie d'une carmélite au combat. Aussi n'allaient-ils pas la rater, cette fois, tous ses collègues jaloux. La bataille faisait rage, comme chaque fois qu'un prof déclenchait la passion chez ses élèves. Étrangement, le procureur semblait prendre le parti de Molly.

Le verdict tombe : acquittée. Le soir même, on est tous chez elle pour une fête gigantesque.

Oui, ils sont tous là, ses potes babas de Sydney, de Londres et de Bombay, de partout où elle a enseigné ; il y a aussi deux journalistes du *Nouvel Obs* qui ont pris fait et cause pour elle, un pion du lycée, une moinesse tibétaine, mais aucun prof bien sûr. Une grande salade d'algues trône au milieu d'une danse péruvienne qu'elle mène avec encore plus d'entrain que d'habitude au son de Régis et de sa putain de Kena, accompagné par Gilles qui gratouille les trois seuls accords qu'il suffit de connaître pour jouer les folklores babas du monde entier.

Les fumeurs de joint se font plus discrets qu'à l'accoutumée.

La porte sur laquelle je suis adossé laisse soudain filtrer une sourde musique. Je la pousse, un escalier abrupt descend dans un garage qui tient lieu désormais de capharnaüm retraçant le parcours aventureux de notre hôtesse. Contre un mur, entre une collection de raquettes de neige et des étagères de bouquins hindi, un vieux piano droit se fait torturer par Pascal. Le poing fermé, celui-ci ahane une mélodie enfantine, les phalanges repliées sur les touches noires, devant Joëlle qui se pâme – « Oh Pascal, comme tu joues bien ! »...

C'est fou ce que ça lui fait, la musique, à celle-là !

Derrière moi, d'autres se sont engouffrés par la porte entrouverte et nous sommes maintenant une dizaine en cercle autour de Pascal qui continue de massacrer la même ritournelle devant Joëlle et un public de fins connaisseurs. Je me tiens silencieux dans un coin quand une voix demande au bout de la cinquième blague pentatonique de Pascal :

– André, tu joues pas du piano, toi aussi ?

Mon heure aurait-elle sonné ? J'avais six ans quand j'ai pris ma première leçon. À la maison, mon père déchiffrait les inventions de Bach tous les jours en rentrant du magasin *(Marianne Couture, Spécialiste de la femme élégante, Prêt-à-porter et sur-mesure)*. Très vite, j'ai adoré me perdre dans les labyrinthes sacrés du maître de Leipzig. Puis les doigts gourmands de Mme Bélicard m'apprirent la sensualité des *Nocturnes* de Chopin, la sombre fougue des sonates de Beethoven, les doigtés acrobatiques du répertoire de Liszt.

Les regards se tournent vers moi ; Pascal, bon prince, me fait signe de prendre la banquette, à côté de Joëlle.

Je fais craquer mes doigts en bâillant avant d'attaquer la deuxième *Rhapsodie hongroise*.

Les accords noirs du début figent l'assemblée. Le climat est lourd... Puis, lentement, dans un mouvement crescendo, les arpèges en cascades ascendantes partent à l'assaut de toute la frustration que Franz Liszt, éperdu d'un amour coupable pour sa jeune élève, avait accumulée pendant des années. À mon tour de faire voler en éclats ma frustration, à mon tour de faire exploser dans l'espace les couleuvres avalées, les humiliations des sportifs prognathes ; ma timidité est pulvérisée en fragments de triples croches, cristallines et légères.

Accord final, le piano fume. La poussière sort des cordes, de la table d'harmonie, du clavier qui n'a pas dû être secoué comme ça depuis longtemps.

– Andrééé, tu peux me jouer du Maxime Leforestier ?

L'atterrissage est rude.

Les yeux de Joëlle brillent. La tête rentrée dans les épaules, je m'exécute.

– *C'est une maison bleue...*

Plus tard elle me coince contre un mur d'un baiser sur la bouche que j'évite d'abord dans un réflexe surpris, puis, me ravisant aussitôt, je finis par accepter mon dû.

Nous avons passé la nuit enlacés dans un canapé, je n'avais le droit de poser mes baisers que dans son cou, sur ses joues, et un peu ses lèvres. Et je reluquais ses seins ronds et parfumés au patchouli dans un décolleté Récamier sans pouvoir les toucher.

Le lendemain, elle faisait comme si rien ne s'était passé.

Dégoûté, j'arrêtai les leçons de piano chez Mme Bélicard.

IV

La reine Christine

La brave Pascale, celle qui était restée en orbite pendant que ses deux copines exploraient la Lune et les puceaux qui la peuplaient, la brave Pascale arrive, par un jour ensoleillé d'avril, un grand sourire aux lèvres, certaine de l'effet qu'elle produira : à son bras, un ange en boucles fauves et regard turquoise. Sur le trottoir du lycée, toutes les conversations s'arrêtent net. Les deux amies s'embrassent puis se séparent devant l'assemblée médusée qui suit du regard le fondu au noir de l'ange qui s'évanouit très loin, dans le bas de l'avenue.

Nous rentrons en cours. Marilyn elle-même, sur la couverture de mon classeur, ne peut rivaliser avec l'apparition qui vient de me souffler de la poudre d'or dans la rétine.

Fin du cours, je me précipite à la cantine. Pascale est là. J'ai toujours été sympa avec elle, ensemble on a souvent piqué des crises de fou rire qui pouvaient durer longtemps. Je dégage des fesses son voisin qui va s'asseoir ailleurs. Elle sourit en regardant droit devant elle, sûre de la question qui me brûle les lèvres.

– Pascale, c'était qui la fille avec toi ?

– Tu veux parler de ma copine Christine ?

– Mais d'où tu la sors, qui est-ce, qu'est-ce qu'elle faisait là, à planer au-dessus du trottoir du lycée ?

– Elle est belle, hein, ma copine ?

– Pascale, je dois la voir, c'est une question de vie ou de mort.

La semaine suivante, à la présidentielle de 1974, Mitterrand est battu par Giscard. Je saisis le prétexte gravissime pour faire passer à Christine une rose en soie dérobée dans la vitrine de poupées de ma sœur. Alors que je roule sur mon vélo, la rose à la main, fier de cette bonne idée qui va me permettre de nouer le contact, un automobiliste me gueule dessus.

– Tu peux te la foutre au cul, ta rose !

Un déçu ou un heureux ? Je n'ai jamais su. Qu'importe, je pédale de plus belle. Arrivé aux abords de son lycée, je me planque derrière un arbre et la repère. Elle parle à une copine. J'essaie de prendre l'air détaché du Cheyenne en traque mais je me sens très con derrière mon platane avec ma rose. Qu'est-ce que j'en fais, maintenant, je vais lui mettre sous le nez et lui dire quoi ? Si ça se trouve, elle en a rien à foutre de la défaite de Mitterrand. Des fois, les filles, elles sont bizarres, question conscience de classe.

J'en suis là, à me torturer, dansant d'un pied sur l'autre, comme un gosse, quand soudain, Christine et sa copine se séparent et cette dernière vient vers mon arbre.

– Pssst, tu peux me rendre un service, tu peux donner cette rose à Christine de la part d'André ? C'est très important...

Il y a une lettre avec la rose, un obscur fatras idéologique disant qu'il ne faut pas perdre espoir, que le combat continue de plus belle, que le *pueblo unido*, etc.

La copine sourit et acquiesce.

Je décampe sur mon vélo, exalté par mon audace. Plus moyen de revenir en arrière, maintenant. Une pensée horrible : et si elle était giscardienne ? Impossible, trop jolie...

Elle m'a envoyé un mot, elle m'a répondu.

Une lettre que j'ai décachetée, fébrile, dans le murmure marin et l'odeur ammoniaquée des latrines du bahut. Elle a pris mon message au premier degré. Elle me dit qu'il ne faut pas que je sois trop déçu, qu'au fond, elle n'est pas sûre que ça change grand-chose, l'un ou l'autre...

Je le savais ! Zéro pour la conscience de classe, mais qu'importe, le contact est pris, c'est l'essentiel. Il me faut maintenant passer à l'étape suivante.

Le lendemain je traîne devant son lycée, à attendre nonchalamment, pas loin de trois plombes.

Elle apparaît, au milieu de ses copines. Attachée à son sac, ma rose, toute flapie...

– Hé, comment ça va ? Moi c'est André...

– Hé, bonjour, merci pour la rose...

– Merci pour ton mot...

Je la raccompagne doucement à son bus, elle vit dans une zone pavillonnaire, à Bron... Je ne sais pas quoi dire.

Je me lance quand même :

– Tu voudrais qu'on révise le bac français ensemble ?

– Pourquoi pas ?

Et comme un con, je révise les textes avec elle...

Putain que je ne suis pas à l'aise !

Mes copains manquent s'étouffer quand je passe avec ma belle, superbement absorbé par *La Chevelure* de Baudelaire. Elle porte un simple débardeur bleu à peine échancré sur sa poitrine frémissante.

Mais rien, pas de malice, pas de regard complice, ses yeux trop francs prennent comptant tout ce que je lui dis, et moi, au lieu de l'embrasser dans l'arrière-salle du café où nous sommes seuls tous ces après-midi de juin, je fais dans l'explication de textes...

À la fin du mois, l'épreuve arrive, je m'en sors pas mal, et elle ? Je m'enhardis. Les cours sont finis, un coup de vélo et je suis à Bron.

J'attends. Deux heures, trois ? En plein soleil, assis sur un muret en face de son immeuble. L'attente aurait pu durer une éternité, j'étais paré... Lorsqu'elle m'aperçoit, elle semble à peine surprise.

– Christine, j'ai un truc très important à te dire.

– Moi aussi.

– ...

J'avais tout prévu sauf ça, se pourrait-il que... ?

– Ah ben, commence alors...

Elle prend la parole, lentement ; nous sommes adossés au muret, tous les deux, par un chaud après-midi de juillet, dans une banlieue calme et ennuyeuse de Lyon.

– Voilà, hier dimanche, ma grande sœur, tu sais, celle qui est pentecôtiste, je t'ai déjà raconté, non ?

– Non...

– Bon, elle m'emmène dans une réunion d'évangélistes et là, il y a un pasteur, et il parle tellement bien, ses mots sont si beaux, si profonds, les gens chantent et prient autour de lui avec une telle ferveur que moi, toute la journée, je chante, je prie avec eux, et je ressens tout cet amour mais je ne sais pas quoi en faire ; à la fin de la journée, le pasteur dit : « Que ceux qui veulent s'engager pour le Christ descendent près de moi. » Les gens se levaient les uns après les autres, et moi je pleurais, quelque chose m'empêchait de descendre, je pensais à toi...

– ....???

– ... Alors je questionne ma sœur, et elle me répond : « Vas-y, tu n'as rien à perdre. » Je me suis levée, je les ai rejoints, et soudain la paix du Christ est descendue en moi.

– Et alors ?

– Alors avant, il y avait toi dans mon cœur, et maintenant il y a Jésus.

Je regarde les yeux turquoise qui brillent et la bouche si bien dessinée et les boucles en cascade sur ses épaules nues...

Je dois être un des rares mecs de cette planète à s'être fait souffler sa gonzesse par Jésus ! À un jour près... La belle m'avoue son amour, inespéré, et c'est déjà fini ; c'est l'Autre, maintenant, qui la fait vibrer...

On a parlé, pendant des jours et des jours, avec une passion proportionnelle à l'inanité de ses propos. J'ai fait des efforts, je me disais que ses bras valaient bien une messe, sûrement plusieurs d'ailleurs, et pourquoi pas aussi une immersion dans une piscine entourée d'allumés chantant des psaumes baptistes.

Mais nous nous sommes détachés, petit à petit, avec la tristesse d'une neige qui fond sous un soleil de printemps...

En septembre, je rentrais à la Ligue communiste révolutionnaire.

V

Claire et Lèv Davidovitch

André-Marie Ampère, savant lyonnais, découvrit en 1827 les lois de l'électromagnétisme en révélant le principe d'attraction et de répulsion entre deux conducteurs électriques, selon qu'ils sont parcourus par des courants allant dans le même sens ou dans des directions opposées. Son nom allait être donné, à titre posthume, à l'unité d'intensité du courant électrique, ainsi qu'au lycée dans lequel j'allais enfin me faire dépuceler.

Septembre 1975, j'arrivais au grand lycée Ampère ; du haut de la rue de la Bourse, une troupe de lycéens bruyants débordait du trottoir et se répandait jusqu'au milieu de la rue. Je les ai reconnus tout de suite, les frères que je cherchais ; ils agitaient d'immenses drapeaux rouges, les cheveux au vent comme dans un ralenti d'Antonioni ; j'avançais, fasciné, au milieu d'une haie d'honneur saturée de slogans, de cris, de rires, de chants, de couleurs, de sifflets. La bouillie sonore sortant des mégaphones était absolument inaudible mais ce n'était pas grave, ce jour-là, j'avais enfin trouvé ma tribu.

Au milieu, Claire, longs cheveux noirs, regard gris bleu, dansait en agitant une banderole sur laquelle on pouvait lire « Aimez-vous les uns sur les autres ». Je me fondis dans cette nouvelle bande avec les délices d'un fœtus barbotant dans son liquide amniotique.

Claire était la copine de Daniel, le héros du lycée, sosie de John Lennon et leader charismatique de la petite cellule d'extrême gauche qui tenait Ampère-Bourse par les couilles. Un mot de lui et quinze cents lycéens débrayaient. Notre Rosa Luxemburg et son Karl Liebknecht forçaient le respect et l'admiration de tous ; même les profs succombaient à leur charme.

La révolte organisée, ça avait des aspects pratiques. D'abord, ça vous structurait le mental : des mômes de seize ans qui vous tenaient des conférences sur l'engagement des prêtres catholiques dans la lutte armée en Amérique latine, c'était autre chose que les collectionneurs de Dragon Ball Z qui sévissent aujourd'hui dans nos cours de récré.

Les débats étaient de haute tenue, même si on s'engueulait dur. C'est qu'il y avait différents clans, dans ma tribu. Il y avait ceux qui ne rigolaient jamais, qui n'avaient pas le droit de s'embrasser en public, pas le droit de fumer, c'étaient les maos ; il y avait ceux qui rigolaient tout le temps, qui fumaient beaucoup et qui concluaient les AG par de sonnants « Masturbez-vous ! », c'étaient les anars ; nous, on était la voie du milieu. Notre totem était un martyr. À part Cronstadt, il était propre sur lui. Il a vécu sa passion un pic à glace planté dans la tête. Son esprit nous habitait. Franchement, je n'ai jamais lu un bouquin de Trotski, mais qu'est-ce que je l'ai aimé...

Dans nos manifs minoritaires, le rituel était immuable. À l'avant du cortège, les Jeunesses communistes, suivies des maoïstes du Parti communiste marxiste-léniniste de France, suivis des trotskistes de la Ligue communiste révolutionnaire, et, en fin de cortège, les anars de la Fédération anarchiste et de la Confédération nationale du travail. Tout ce beau monde avançait en criant à peu près les mêmes slogans (« Cambodge rouge, Cambodge libre, Cambodge so-cia-liste » – ouais, on l'a crié, celui-là aussi) en se cassant joyeusement la gueule. Pour les JC, tous ceux qui étaient à leur gauche étaient atteints de la maladie infantile du communisme ; les maos, quant à eux, traitaient d'une part les JC de réformistes, et d'autre part les trotskistes de bourgeois dégénérés ; les trotskistes traitaient les JC de staliniens réformistes et les maos de staliniens tout court, ces derniers prenant ça pour un compliment ; pour finir, les anars nous en voulaient à nous, trotskistes, pour une bavure regrettable : la fameuse répression sanglante de l'insurrection anarchiste de Cronstadt – un malheureux problème de timing, ils avaient un peu brûlé les étapes.

En dehors des manifs et de nos joyeuses bastons, les débats que je préférais étaient ceux sur la lutte des femmes. Apprendre que le principe de fidélité dans le couple était une invention bourgeoise du XIXe siècle pour accompagner l'industrialisation de l'Europe me fascinait, moi qui étais encore puceau. Le « Jouissons sans entraves » de Mai 68 était encore de mise et me faisait rêver, moi, le roi de la branlette qui n'avais encore rien connu, ni avec Joëlle, mon allumeuse mélomane, ni avec Christine, ma vestale christique...

Bon, j'étais un peu comme le gars qui prend son pied à disserter sur l'art de la fugue alors qu'il a du mal à jouer *Au clair de la lune* sur sa flûte à bec ; mais ça me décoinçait, de savoir que tout ça, c'était la faute à la reine Victoria !

Je questionnais souvent Claire sur tel ou tel passage de Reich. Morale bourgeoise, lutte sexuelle des jeunes, etc. Je m'aperçus très vite que, pour elle, ces belles théories n'étaient pas évidentes à mettre en pratique ; de plus, elle supportait moyennement le manque de limites de Daniel qui revendiquait le devoir révolutionnaire d'avoir de multiples partenaires en plus d'être bisexuel. Claire, partager son mec – on disait son copain – avec d'autres copines ou copains, même s'ils étaient de la même organisation, ça la branchait moyen...

J'avais donc une carte à jouer.

Cette année a été géniale, on chantait : « Debré, Debré, ah, si ta mère avait connu l'avortement ! » On chantait aussi : « Et hoop Franco, plus haut que Carrero Blanco ! » C'était l'époque où l'ETA ne faisait sauter que des fascistes, on est même allés jusqu'en Espagne en 2CV sans permis pour manifester quand Franco a fait garrotter trois gars du Frap et deux de l'ETA. On croyait qu'on allait mourir pour la révolution comme en 36 et puis on a été arrêtés à la frontière par dix compagnies de CRS... On a manifesté dans la campagne d'Hendaye, sous la pluie au milieu des vaches, pendant que les copains se demandaient où donc était passé Jean-Paul Sartre qui avait promis d'être là.

Moi, je m'en foutais, Claire était du voyage, c'était la seule chose qui m'importait. Attention, j'étais un militant plus que sincère, mais c'était tellement bon de partager ses ardeurs révolutionnaires avec de jolies filles parfumées au patchouli !

Les Louise Michel, Rosa Luxemburg, Dolorès Ibarruri, la fraternité de militant, la camaraderie garçon-fille, la complicité antimachiste, la théorisation de la liberté sexuelle, tout se mélangeait dans une joyeuse ivresse pleine de promesses. Daniel n'était pas avec nous, de toute façon il l'était de moins en moins, il se radicalisait et parlait de lutte armée. Claire avait décidé qu'elle ne souffrirait plus pour lui, et moi, je découvrais le Pays basque et la conduite sauvage en 2CV.

Sur la route du retour, c'était mon tour de conduire, et j'ai soigneusement attendu que les autres s'endorment pour feindre l'épuisement. Claire, qui veillait avec moi, parut soulagée quand j'ai arrêté la voiture en pleine campagne. J'avais emporté ma petite tente de bivouac, il était déraisonnable de dormir à cinq dans la Dyane. Nous laissâmes les trois s'arranger en grognant pendant que je montais rapidement la tente et que j'y installais ma pasionaria. Pleine d'une pudeur contre-révolutionnaire, elle me demanda de me retourner alors qu'elle enlevait son pull puis son jean pour se glisser dans le sac de couchage. Plein de préjugés petits-bourgeois, je m'exécutai en rougissant pendant que mon sexe se tendait rien que d'entendre le glissement de sa peau nue dans le nylon de l'unique duvet.

Je m'allonge alors à côté d'elle, tout habillé, faussement détaché, la tête sur mes bras croisés, elle s'inquiète et me propose un bout de couverture. C'en est trop, je descends la fermeture Éclair jusqu'à ses pieds et d'instinct, après avoir fait glisser sa culotte, j'enfouis ma tête entre ses cuisses en tétant sa toison avec l'avidité d'un désespéré. Submergée par mon désir soudain, elle ne peut rien faire que gémir et sa plainte se transforme en un long sanglot alors qu'elle jouit dans ma bouche et que j'explose dans mon pantalon. Elle continue de pleurer une fois la détonation passée, je suis confus, essaie de la consoler, elle rit maintenant à travers ses larmes, et je replonge ma tête entre ses cuisses et je la lèche toute la nuit avec passion en jouissant à nouveau dans mon jean serré et poisseux.

VI

La vocation

Un an plus tard

Manifestement, la révolution attendue n'a pas eu lieu, au grand dam de mon copain Jeff avec lequel on s'était promis, le jour du grand soir, de dévaliser la Fnac. Nous étions en fac, maintenant, mais notre QG était resté le bistrot du lycée, le café du Marché. Un jour qu'on y glandait, occupés seulement à regarder l'inénarrable Pascal Bourdette draguer, un drôle de mec descend d'une Bentley ; cheveux bouclés façon Louis XIV, bagouzes et foulard indien, il s'installe à côté de nous. À peine le temps de jeter un œil sur l'étranger que Bourdette réclame à nouveau notre attention : il vient de ferrer une proie.

Bourdette, grand benêt affligé d'une banale laideur, entretenait avec soin un filet de bave aux commissures de ses lèvres, pour les garder toujours humides ; le regard, par-dessus une énorme paire de lunettes à triple foyer, semblait guetter une baffe ou un rire, c'était selon. Condamné à l'anonymat le plus terrible vu la médiocrité de son état, il avait vite compris que l'outrance était sa seule chance de salut. Quelques mois plus tôt, un incident avait définitivement couronné ses efforts : alors qu'il jouait, seul, à la campagne, avec le fusil de chasse de son grand-père, il avait trouvé le moyen de se faire péter une décharge de chevrotine en plein visage. Et le voilà dans le village, un œil pendant, à demander calmement à une vieille paysanne épouvantée :

– Pardon madame, pourriez-vous m'indiquer l'adresse du vétérinaire le plus proche, s'il vous plaît ?

On s'était tous sentis vaguement responsables, et c'est avec un léger malaise qu'on l'avait accueilli à son retour. Il avait pris de l'envergure, le bougre. On le retrouvait en costard trois pièces, serrant les mains comme dans un meeting à Epson. Il venait de prendre une belle avance dans l'aristocratie de la provoc avec son œil de verre et ses postures de dandy.

Au café du Marché où il tient désormais salon, sa méthode de drague est infaillible :

– Mademoiselle, voulez-vous un bonbon ?

Et avant que l'innocente ait répondu, il fouille de deux doigts son orbite et présente son œil de verre avec un grand sourire timide.

À la vue de ce numéro grand-guignolesque, Louis XIV réprime un haut-le-cœur et nous on se marre comme à chaque fois pendant que la pauvresse s'enfuit en hurlant. L'étranger baroque engage alors la conversation et se présente : il est chef d'orchestre. Ah ? Il nous sort mollement de notre indifférence. On le questionne. Il ne ressemble pas vraiment à Herbert Von. En fait, il dirige un rock-band qui fait des soirées. Il me demande si je suis musicien, je lui réponds du bout des lèvres que je fais du piano classique, il s'extasie ; les claviers, une denrée rare, l'instrument du futur, Jean-Michel Jarre, Mike Oldfield, Rick Wakeman...

Une heure plus tard, le professeur Neidhart entre dans l'amphithéâtre de la fac de médecine Lyon II. Aussitôt, cinq cents braillards en chahut se calment et s'assoient comme un seul homme. Applaudissements. La soixantaine classieuse, nœud papillon, le titulaire de la chaire d'anatomie – qui possède, paraît-il, l'une des plus belles bibliothèques érotiques d'Europe – arrive sans notes ni planches et commence à main levée sur le rétroprojecteur une coupe du pied en commentant chaque étape : Dieu innervant le talon d'Achille.

Et moi je sais que tout ça, ce n'est plus pour moi, pas seulement parce que j'ai failli m'évanouir dans la piscine de formol où nageaient les cadavres lors de ma première dissection, mais parce qu'il faut que j'arrête de tricher. Ça va terriblement décevoir mon père, lui qui a été obligé de tirer l'aiguille dès l'âge de douze ans et qui s'est fait ses humanités caché sous la couverture, à la lumière d'une lampe torche, à s'user les yeux sur des bouquins achetés aux puces contre des tickets de rationnement. Je vais donc rentrer pour lui annoncer que j'abandonne la médecine. J'ai putain d'intérêt à trouver une alternative crédible.

Me voilà plongé dans une vertigineuse introspection. Qu'est-ce que je vais faire de ma vie, du haut de mes dix-huit ans tout poilus ?

Et soudain, en plein cours d'anatomie, la conversation du rocker baroque me revient à l'esprit : les claviers... denrée rare... instrument du futur... Jean-Michel J... Mike Oldfield... Rick Wakeman...

L'évidence jaillit, aussi limpide que la coupe de tibia du professeur Neidhart : « Toi aussi, tu joues du piano, fais-en ton métier ! » Fort de cette découverte qui va bouleverser ma vie, je quitte l'amphi pour toujours. Rentré chez mes parents, j'exhume de la poussière mes Hannon, Czerny et tous les manuels de torture portant la mention « L'Art de délier les doigts ». Le piano familial est tout surpris de cette soudaine ardeur.

Le soir, lors du dîner, inconscient du drame qui va se jouer, avec calme, détermination et un zeste de fierté, j'explique à mes parents que j'ai enfin trouvé ma vocation et que je compte me destiner à la musique.

Alors mon père entre dans un monologue dont il a le secret, ça vient de loin, c'est construit, avec des références historiques, son parcours, ses souffrances, la vie de mon grand-père que je n'ai pas connu, qui a vécu la déportation en Sibérie puis le massacre des siens pendant que ma grand-mère marchait dans le désert irakien, et soudain j'ai toute une lignée d'ancêtres qui m'observent, fantômes consternés qui attendaient après moi pour renaître à la vie, pour qu'enfin leurs souffrances prennent un sens.

Pour l'amadouer, je propose à mon père de me destiner à l'enseignement, j'ai vaguement entendu parler d'une nouvelle unité de musicologie à Lyon III... Mouais. Il finit tout de même par l'anathème : « TU FINIRAS EN JOUANT POUR UN SANDWICH », que je grave en lettres d'or sur le frontispice de mon Parthénon où les dieux s'appellent désormais Thelonius, Miles et Bill.

VII

Les Maries Bizarres

Un an plus tard

Février, le moment des partiels, l'époque de mes grandes mues. Mon père prend calmement la parole.

– Puisque tu as décidé de tirer un trait définitif sur tes études – je viens de lui dire que j'abandonnais la fac de musicologie où les cours se résumaient à des lectures de Que sais-je par des profs échappés du Conservatoire –, puisque tu as décidé, à mon grand regret, de tirer un trait DÉFINITIF sur tes études, tu feras carrière dans la banque. J'ai parlé à monsieur Roger, du Crédit Agricole, il a lui-même commencé au guichet il y a dix ans, et maintenant il est directeur d'agence. L'affaire est réglée, tu commences demain.

Et me voilà affecté, après un entretien d'embauche avec de grands psychologues qui, pour tester ma culture générale, m'ont demandé la différence entre un khmer rouge et un pétrodollar... me voilà affecté au service crédit du Crédit Agricole.

Mon travail consiste à renseigner par téléphone sur la solvabilité des clients. Assis devant un immense meuble en fer, j'enclenche une lettre sur un clavier de bakélite et, aussitôt, une nacelle portée par une grande roue miniature dont les touristes hilares auraient été remplacés par des fiches bristol jaunies se présente pile sous mon nez. Si la fiche est barrée de rouge, je réponds non.

Le problème, c'est qu'en même temps, sans l'avoir dit à mes parents, j'ai décroché mon premier engagement de pianiste dans un cabaret du vieux Lyon. Un copain d'un copain a écrit une revue parodiant Bob Wilson : ça s'appelle *Nietzsche on the Beach*, et c'est joué par les Maries Bizarres, deux théâtreuses en Bunny et un grand homo brechtien en jarretelles qui chantent du Sprech Gesang au troisième degré. J'accompagne le spectacle au piano sous le nom de Paloma Topineau Le Brun. Après audition, Hervé Morel, patron de l'Ambigu, cabaret au positionnement incertain, entre rive gauche et strip-tease, nous embauche avec un enthousiasme qui nous ravit ; nous comprendrons plus tard qu'il a plutôt été emballé par les résilles et les jarretelles que par le troisième degré des chansons :

Dans la forêt, y avait un loup et pan pan laridou
Qu'avait des poils, des poils partout et pan pan laridou
Aux bras, aux jambes et même entre les dents
Et pan pan laridou et laridou pan pan

Vanda chante l'air égrillard tout en remuant dans un pot une grande cuiller en bois qu'elle lèche en roulant de grands yeux gourmands à la fin de la chanson.

On passe avant les strip-teases. Parfois, dans les douches de la loge, après le spectacle, Vanda me coince entre ses gros seins laiteux et je la prends debout avec un zeste d'exaspération qui ajoute une petite touche de violence à l'étreinte furtive ; au grand bonheur de Vanda qui, en bonne nymphomane, ne jouit jamais.

Mon premier job de musicien ! Un peu dans un claque, mais bon... On termine à trois heures du matin et une paire d'heures plus tard, je dévale les escaliers quatre à quatre en enfilant ma cravate pour le Crédit Agricole.

Après trois semaines de ce régime insensé – Cabaret + Vanda + Crédit Agricole –, une affiche dans la vitrine de Guillard Bizel Orgues attire mon regard : « Recherchons démonstrateur d'orgues électroniques ». J'entre, passe une audition sur un engin spatial à deux claviers plus pédalier et sors avec le job. L'orgue électronique de salon vient de détrôner le magnétoscope dans les achats compulsifs des jeunes ménages et autres retraités mélomanes qui ont rêvé toute leur vie de jouer d'un instrument sans avoir eu l'occasion de le faire ; ben là, justement, je suis embauché pour leur prouver que le moment est venu pour eux.

Mon père ne peut plus rien dire, je gagne deux fois plus d'argent chez les saltimbanques que chez les coincés du bristol jauni, et me voilà aux Galeries Lafayette de la Part-Dieu, à jouer la *Toccata* de Bach devant des loubards qui en redemandent.

– Eh mec, joue-moi encore la musique de *Rollerball* !

Je me tape bientôt toutes les foires-expos de France ; entre le revendeur exclusif du Véritable Cassoulet de Castelnaudary et un marchand d'alarmes électroniques, je joue Michel Legrand et Rhoda Scott. Ça cartonne, les orgues s'écoulent comme des petits pains ; je deviens bientôt aussi balèse qu'un vendeur d'épluche-légumes sur un marché provençal. Ma harangue est automatique et s'étoffe jour après jour de nouvelles trouvailles : « Mais bien sûr, c'est à la portée de tout le monde ! Regardez, il suffit de sélectionner un rythme, l'accompagnement se fait tout seul et vous n'avez plus qu'à laisser vagabonder vos doigts au gré de votre imagination, tenez, allez-y, essayez, ouiiiiiiii, vous voyez ? Quelques cours dans notre école d'orgue et vous deviendrez un véritable improvisateur. Vous avez la carte Cofinoga ? »

Les frères Guillard, en plus des magasins d'orgues, pianos, guitares et batteries qu'ils tiennent entre la place des Terreaux et les quais de Saône, importent les premiers synthés monophoniques japonais Roland, ainsi que la fameuse chambre d'écho à bande RE 501. Le siège de leur société, Musikengro, occupe le rez-de-chaussée d'un pâté de maisons dans le quartier de Gerland, et, entre deux foires-expos, je fais mes gammes dans le showroom où tous les musiciens de Lyon viennent emprunter du matos que je leur sors sous prétexte de démonstration et qui rentrera ruiné quelques mois plus tard.

Un matin, la porte en verre du showroom s'ouvre sur une paire de bottes interminables en cuir violet. Campé sur ses deux jambes écartées, mains sur les hanches, tel un pirate contemplant l'étendue du butin qu'il va saisir, Rido Dieudonné Bayonne, bassiste héros du groupe mythique Spheroë, me salue d'un formidable éclat de rire.

VIII

Spheroë

Ce n'est pas un hasard si Rido joue de la basse : l'instrument est roi dans cette partie de l'Afrique de l'Ouest, du Congo jusqu'au Cameroun, d'où il est originaire. La structure des dialectes, cette manière hachée et saccadée de jeter les mots avec les accents sur les temps forts, préfigure le jeu funky du bassiste et donnera des générations de virtuoses qui vont essaimer dans le monde. Avec son alter ego d'outre-Atlantique, Stanley Clarke, Rido fut l'un des premiers à faire de cet instrument plan-plan dédié à l'accompagnement une redoutable machine de guerre soliste.

– Vas-y, joue !

Le groupe Spheroë (du deuxième prénom de Thelonius *Sphere* Monk) cherche un second clavier pour la scène. Tous les pianistes de Lyon ont défilé. Je regarde Rido avec des yeux ronds : j'étais venu livrer un ampli emprunté aux frères Guillard sous prétexte de « démonstration » et maintenant, dans ce local de la place des Terreaux, ils sont tous assis derrière leur instrument, à m'attendre. Brutalement, en me montrant les claviers, Rido m'ordonne à nouveau :

– Vas-y, joue !

Il y a là Maimone, pianiste barbu au regard méfiant dont j'ai suivi les cours ; derrière ses lunettes de prof et sous ses faux airs de misanthrope, il compose de grandes mélodies généreuses. Michel Perez, gentil instituteur introverti à la ville, guitariste redoutable sur scène, torture ses solos jusqu'à épuisement des ressources harmoniques d'une gamme. Cactus, cogneur implacable derrière ses douze fûts de batterie, joue le fond du temps, un fusil à canon scié caché dans sa grosse caisse. Enfin Rido, bassiste flamboyant dans la sape, les embrouilles, les filles et la syncope, joue tout en l'air et soudain vous pose une grosse note sur le temps qui vous prend comme un coup de rein à contre-pied pendant que votre cul bouge tout seul. Ces quatre tueurs jouent un jazz électrique, un casse-tête absolu réservé à un public de musiciens. Masturbation collective pour les uns, fulgurances psycho-acoustiques pour les autres, encore faut-il pouvoir descendre les triolets de triples croches à la vitesse de la lumière! J'étais fou d'eux, j'allais à tous leurs concerts, et maintenant ils me testaient...

– Vas-y, joue!

Maimone a l'air sceptique. Forcément, un an plus tôt, il me donnait des cours et mon état n'était pas brillant : j'étais raide empêtré dans le classique. En désespoir de cause, il avait fini par me conseiller le whisky pour me décoincer l'improvisation.

– Vas-y, joue!

Maimone me montre un trait bien torturé, sur son clavier. Je m'exécute sans problème. J'ai tellement relevé de trucs à l'oreille depuis ses pseudo-cours que je mémorise facilement. Surpris, il me montre un deuxième trait, je lui sers le même illico. Il sourit maintenant en me donnant la suite.

– C'est bon, finit-il par dire, voyons le morceau en entier...

Cactus frappe deux coups avec ses baguettes : TROIS... QUATRE...

Un éclair jaillit, la note pure me rentre dans le bas du dos, remonte ma colonne vertébrale, me soulève les bras et je me retrouve les mains en l'air, ridicule, jusqu'à ce que je me ressaisisse et repose les mains sur le clavier pour rattraper les autres. Ils n'ont rien remarqué. Le son absolu m'a touché jusqu'à l'os! C'est encore plus fort que mon premier orgasme...

Fin du morceau, Rido me démonte les omoplates.

– Bravo, petit frère !

J'ai les yeux qui brillent...

Je vais jouer avec les meilleurs !

Autour d'eux, les filles étaient sublimes, des comédiennes très snobs de la troupe de Lavaudant. À Grenoble, Spheroë avait participé à un de ses premiers spectacles, *Palazzo Mentale.*

Tous les soirs ce beau monde se retrouvait sur les quais de Saône, chez Sergio, à la Pasta Asciutta, où j'écoutais les histoires des musiciens-héros que j'admirais, notamment celle du chanteur fou du Chico Magnetic Band qui se faisait exploser la tête sur scène en allumant trois rangées de pétards enroulés à son casque et qui avait provoqué le désistement d'Arthur White dont il assurait la première partie, ce dernier arrivant juste avec une pauvre bougie plantée sur la tête. On évoquait avec nostalgie les poulets vivants enfermés dans la grosse caisse de Cactus, les bains de champagne sur scène qui laissaient le chanteur à moitié électrocuté ; Martine, de retour de Paris, racontait sa soirée à l'Opéra avec son metteur en scène qui lui avait promis un premier rôle et qui avait fini par la prendre par-derrière en plein acte II, elle accoudée à la balustrade, faisant bouger tout le balcon au rythme des coups de boutoir de son fougueux mentor ; Chico, notre James Brown tunisien, portait pendant ce temps-là un toast enflammé à une splendide inconnue attablée à côté de lui : « Tu es belle, toi, je voudrais te baiser, là, maintenant, sur la table ! À Jimi Hendrix, à Oum Khalsoum, à la Palestine... » et il se brisait sa coupe de champagne sur le front ; alors que le sang giclait et qu'un fan sorti de nulle part entourait la tête de notre héros dostoïevskien d'une bandelette tombant sur ses yeux et contre laquelle il allait passer le reste de la soirée à se battre, Cactus jetait son steak contre un tableau jugé trop moche, steak qu'un chien s'empressait maintenant de dévorer sous les yeux de Jeff qui l'aurait bien bouffé, même trop cuit. J'étais constamment tenté de me pincer pour vérifier que je ne rêvais pas ; non, il fallait que je me rende à l'évidence : j'étais entré dans la cour des grands...

L'aventure allait durer deux ans.

IX

Le couple selon Reich

Je vivais désormais avec Claire sur les pentes de la Croix-Rousse, dans un de ces vieux appartements, très hauts de plafond, construits au XVIIIe siècle pour les tisserands de la soie et leurs métiers à tisser. En octobre 1831, ceux-ci avaient déclenché le premier soulèvement ouvrier : la révolte des Canuts. Vingt mille hommes de troupe et cent cinquante canons furent envoyés par Louis-Philippe pour réprimer ceux qui avaient occupé Lyon aux cris de « Vivre libre en travaillant ou mourir en combattant ».

Le quartier du Gros-Caillou de la Croix-Rousse (caillou poussé là par les glaciers du mont Blanc), dont les pentes étaient délaissées par les bourgeois, avait encore, en 1977, la réputation d'un insalubre coupe-gorge insurrectionnel. Il accueillait des familles algériennes, antillaises et des gauchistes en tout genre ; la bibliothèque socialiste, rue des Capucins, était le siège de la Ligue ; la Coopé, resto associatif, plus haut sur la butte, était le Q.G. des anars ; Maryvonne y mitonnait des feijoadas trop épicées et donnait le couvert aux zonards de passage contre quelques heures de vaisselle.

Tout ce petit monde vivait en parfaite harmonie, les babas, les Arabes, les beatniks, les Blacks, les gauchos, les chats et les petits vieux. Ces derniers nous mettaient tous d'accord quand ils nous racontaient le Front Pop de 36 lors des nombreuses fêtes qui rythmaient la vie du quartier. On était sûr qu'on allait vers des lendemains meilleurs dans cette Babel riante, autour des jeux de boules, des squares, des mômes et des pigeons. Le point de vue sur la ville était superbe....

Claire avait abandonné de vagues études d'éducatrice spécialisée pour se consacrer désormais à la peinture. Notre appartement était le point de ralliement de nos potes, ainsi que des potes de nos potes. On avait quitté la Ligue mais on essayait de mettre en pratique les slogans qu'on avait criés passionnément. Nos récentes études, rythmées par des bagarres sur le « néo-impérialisme post-colonial », nous dictaient l'attitude juste quand nous allions boire le thé à la menthe à la Goulette, chez Momo. *De l'aliénation de la sexualité par le travail* nous posait plus de problèmes parce que ça mettait une frontière plutôt floue dans le couple, et, qu'on le veuille ou non, on formait un couple, maintenant, Claire et moi.

Pour parler de son conjoint en terme révolutionnaire, on ne disait pas « ma compagne », ni « ma fiancée », encore moins « ma femme », mais « ma copine », je l'ai dit. La jalousie était un concept petit-bourgeois qu'on tentait d'évacuer avec mépris.

Un soir, Alain, syndicaliste érudit à la barbe de trappiste, responsable des disques classiques à la Fnac, vient dîner avec sa copine. Ô surprise, Annie est une splendide rousse flamboyante au regard vert sombre et au sourire avenant. Déboule à l'improviste Denis, activiste stirnérien tendance Mastroianni, que j'avais connu en médecine alors que nous collions des affiches pour appeler à je ne sais quelle énième insurrection. Il semble que quelque chose passe entre ce dernier et Annie, et voilà qu'en plein repas, ils ne trouvent rien de mieux que de s'embrasser goulûment puis de partir précipitamment sans rien nous cacher de leur furieuse envie de faire l'amour, laissant Alain, le plus naturellement du monde, seul avec son air tranquille de Lanza del Vasto qu'aurait pris un buvard de Sunshine.

Pas le moindre commentaire. Claire s'étire en bâillant, elle a soudain très sommeil et s'éclipse avec un joli sourire plein de fossettes. Silence de mort.

D'un air détaché, Alain :

– J'ai envie de marcher, tu me raccompagnes chez moi ?

Ben voyons, il habite à dix bornes...

Et nous voilà, zen, en pleine nuit, à pied dans les rues désertes de Lyon. Je me torture pour trouver un sujet de conversation qui fasse naturel mais, dans le contexte, c'est juste impossible.

Lui finit par trouver : Couperin ! L'école française du clavecin, l'architecture pure avant les frisottis du baroque.

Arrivés chez lui, on se tape l'intégrale...

Je rentre avec le premier bus de six heures.

Un autre soir, de retour d'une répétition, un mot sur la porte : « André, va dormir chez Bruno, je suis avec Robert, je t'aime », signé Claire.

Robert était le pion du bahut qui repérait les sympathisants des cercles rouges aptes, selon lui, à devenir militants. Et là, ça ne rigolait plus : intégration en cellule, réunions secrètes, planques, missions d'infiltration, commandos antifascistes, repérages des RG infiltrés chez les lumpen, avec tout le folklore des précautions parano-comiques des organisations clandestines de province dans la France tranquille et giscardienne de la fin des années soixante-dix.

Quant à Bruno, Claire soupçonnait qu'il s'était vaguement passé quelque chose entre Virginie, sa copine, et moi. C'est vrai qu'un jour que je venais voir Bruno pour le convaincre de tenir la basse dans un groupe de fusion folk progressive électro-planante, et qu'il n'était pas là, mais que sa copine, Virginie donc, m'avait ouvert, nue sous sa serviette, en riant, confuse, et en se réfugiant à nouveau sous la douche, et qu'elle m'expliquait à travers le rideau de la salle de bains que Bruno était parti dans le Sud pour un cacheton de country, et que je me demandais comment on pouvait prendre son pied à jouer la pompe country – fondamentale, quinte, fondamentale, quinte –, et qu'elle me demandait de lui passer la serviette sur la chaise, et que j'allais vite m'asseoir sur le canapé du salon, elle m'appela avec un léger reproche dans la voix et je retournai dans la salle de bains pensant « elle veut quoi, cette fois-ci ? ».

Rien. Juste savoir pourquoi je ne suis pas resté à côté d'elle, est-ce que son corps ne me plaît pas ? semble-t-elle me demander avec ses yeux en faisant tomber sa serviette, « si, si », je lui réponds avec mes bras qui l'enveloppent et ma bouche qui empêche maintenant la sienne de formuler un éventuel reproche de plus, et puis j'essaie d'attraper ses taches de rousseur avec des petits baisers tout doux et puis je la soulève, elle est petite et légère, et je l'étends sur son lit et elle me dit « ça fait si longtemps que j'attendais ça, tu sais, dès que j'ai croisé ton regard, j'ai flashé sur toi » – en ce temps, le mot « flashé », qui venait de la drogue culture, n'était employé que par les initiés qui étaient passés de l'autre côté des portes de la perception – et puis soudain elle se met sur le ventre et me dit « fais ce que tu veux » en me présentant ses fesses bombées et douces, si douces, et une fois de plus je me demande ce que je veux au fond de moi, et pendant que je m'interroge, elle me guide, tout doucement, me montre la voie, me prépare le chemin avec son doigt habile jusqu'au moment où l'indicible pénétration dans le sanctuaire frappé des plus violents interdits s'accomplit dans une douceur telle qu'elle me fait oublier les malédictions bibliques portant le nom d'une localité du sud de la mer Morte.

« André, va dormir chez Bruno, je suis avec Robert, je t'aime », signé Claire.

Je regarde le mot et pense à Robert qui n'a pas changé ses manières de recrutement ; docile, je m'en vais donc chez Bruno, qui fait un remplacement dans un orchestre de bal en Bretagne. Décidément... Et je m'endors dans les bras de Virginie.

Bien sûr, parfois on y laissait des plumes...

Un soir, lors d'une fête chez un architecte des quais de Saône, je tiens le piano électrique Fender Rhodes dans le groupe des frères Mainieri, quatre frangins algériens qui composent des bossas bien torturées avec modulations et breaks dans tous les sens, sur lesquelles les gens s'évertuent à danser. Claire est chagrine de voir sa pote Jacqueline me tourner autour. Celle-ci vient d'entrer dans un atelier de dessins textiles et réalise des motifs de tissus et de papier peint ; elles sont une tapée de chouettes gonzesses là-dedans et, de temps en temps, j'aime bien passer les voir.

– Bôh ça va, lui dis-je, si je lui fais juste un bisou, y a pas mort d'homme, non ?

– Et moi alors, qu'est-ce que tu dirais si je l'embrassais, lui, là ?

Djamel, percussionniste redoutable, roupille en prince du désert sur la moquette. On fait une pause, un DJ joue une soul de Prisunic sur laquelle les gens peuvent enfin danser. Tout le monde est plus ou moins défoncé.

– Pas cap...

Ni une ni deux elle se lève et lui colle un long baiser sur la bouche en lui caressant ses cheveux bouclés pendant qu'un disque de Gentle Giant tourne maintenant à fond les ballons.

Ni une ni deux, Jacqueline rapplique et se lâche sur ma bouche. On se regarde tous les quatre en se marrant.

Deux semaines plus tard, problème.

Je ne veux plus de Jacqueline mais Claire se sent bien avec Djé.

Le concept petit-bourgeois de jalousie me bouffe les tripes façon amibiase fulgurante. Ni Wilhelm Reich ni les douces fesses de Virginie ne peuvent m'aider, j'ai juste mal au ventre comme le dernier des amoureux éconduits.

Un jour que je suis à l'appartement à rêver sur les colliers, à sniffer les vieux flacons de Claire, on sonne. C'est Bruno, il est livide :

– J'ai fait une connerie...

Il me montre des gros pansements sur ses poignets.

– Je sors de l'hosto, Virginie m'a quitté.

Je ne l'écoute plus. Dehors, à l'angle de ma rue, une agence de voyages vante des promos pour les Antilles, j'y entre précipitamment.

– Combien, un billet pour Boston ?

X

Massachusetts Avenue

La *Berklee School of Music*...

Des mois qu'on en parlait dans les bistrots à la fin des répétitions, on se faisait circuler les formulaires, les statuts, la liste des profs... « *Best Jazz School in America since nineteen fifty four.* »

J'étais le premier de ma ville à franchir le cap, tout ça parce que je m'étais fait larguer...

Paris-Boston via Montréal; à Mirabel, prendre une navette pour Dorval. Le tarmac est balayé par un vent marin saturé de sel qui me nettoie les sinus et gonfle mes poumons tendus, prêts à avaler le Nouveau Monde. Je crache mes dernières glaires continentales et monte sur la passerelle du DC10 de la Delta Airlines.

Boston. Service d'immigration. Le gros douanier américain tourne et retourne mon passeport.

Je transpire de la moustache. En fait, je suis attendu le jour même, à environ sept mille kilomètres plus à l'est, au camp disciplinaire du troisième régiment de cuirassiers de Lunéville, en Lorraine, comme un bon P3 qui n'a pas pu être P4. Au sortir des « trois jours », devant l'impossibilité organique de me taper un an de connerie institutionnalisée, j'ai demandé le statut d'objecteur de conscience. Il me fallait, pour l'obtenir, remplir un certain nombre de formalités.

1. Rédiger une dissertation argumentée de motivations philosophiques ou religieuses sur le thème « je ne veux pas apprendre à tuer », niveau CM2 conseillé.

2. L'envoyer entre la sixième et la quatrième semaine avant son incorporation.

3. Après avoir reçu son affectation pour un service civil de deux ans, rester chez soi. On se retrouve insoumis civil, avec l'immense avantage de ne plus dépendre de l'armée, mais des Eaux et Forêts, un ministère pas vraiment équipé pour accueillir une armée de contestataires macrobiotiques et carrément très laxiste sur les poursuites : 99 % des trois mille objecteurs insoumis n'ont jamais été inquiétés.

Fort de cette statistique, j'opte pour un aller-retour en classe éco Delta Airlines à deux mille cinq cents francs vers Boston (sous Jimmy Carter, 1 dollar = 4 francs) plutôt que pour un billet gratuit en deuxième classe pour Lunéville.

L'envoi de la lettre étant suspensif, me voilà donc suspendu devant cet officier, de l'autre côté de l'Atlantique. Soudain, la panique : et si le collectif d'avocats libertaires, dont j'avais scrupuleusement suivi les instructions, n'était qu'un collectif de charlots ? Ma paranoïa va crescendo devant les gros doigts boudinés qui effeuillent mon passeport ; je me sens soudain comme un résistant coincé en 1942 à la frontière espagnole, comme Steve MacQueen empêtré dans les barbelés, bras en Suisse et jambes en Allemagne, comme Billy Hayes dans *Midnight Express* transpirant sous son pull plein de came ; tous ces combats vécus dans mon canapé avec pizza et pelotage distrait défilent devant moi.

Le gros douanier me regarde maintenant au fond des yeux, s'approche de mon visage et, lentement, en détachant bien les syllabes :

– *Pa-rev...*

– *What ? ? ?*

– *Pa-rev !* dit-il plus fort en roulant le *r*.

– *Sorry ? ? ?*

– *PAREV !* finit-il par hurler, *are you armenian or not ?*

Putain, je suis au pays des cow-boys et des Indiens, de Dylan, Coltrane et Miles, de Martin

Luther King et Thomas Jefferson, et le premier autochtone sur lequel je tombe, c'est un putain d'Arménuche qui aurait aussi bien pu atterrir à Alfortville !

– *Yes, yes, Parev !* que je lui réponds, plus que soulagé.

Ça veut juste dire bonjour, en arménien. Il sourit, content de lui, et tamponne mon visa d'un Immigration Control bleu indigo du plus bel effet.

Le clin d'œil bienveillant de mes ancêtres m'accompagne dans le taxi haïtien qui m'emmène vers ma nouvelle ville.

Le long de la Charles River, des gens courent, en short, en pleine ville, sans destination apparente, avec un air appliqué. De gentils barjos. La mode du jogging n'arrivera en Europe que l'été suivant...

Arrivé au numéro convenu, pas d'école. Ça commence mal. Je regarde sur la feuille de route : le chauffeur a compris Berkeley Street au lieu de Berklee School. Un nouveau taxi, à l'annonce de la bonne adresse – 1024 Massachusetts avenue –, refuse d'un signe et s'en va. Même chose avec un deuxième puis un troisième...

La lumière éclatante de la côte atlantique sculpte le relief des blanches maisons victoriennes, avec leurs escaliers extérieurs, leurs librairies en sous-sol, leurs fleuristes ; partout où je tourne la tête, il y a comme un parfum de Vieux Continent. Et moi, je suis là, comme un con, sur le trottoir, avec une énorme valise, à un océan de chez moi parce que ma petite amie m'a largué, et sans personne pour m'emmener à destination.

Soudain, hurlements de pneus, bruits de tôle : à ma gauche, une grosse Ford bleue vient de s'encastrer dans l'arrière d'un taxi. J'engouffre mes valises dans le coffre que la Ford s'est chargée d'ouvrir pour moi et m'installe sur la banquette pendant que les conducteurs s'insultent, bien décidé à ne plus bouger, quoi qu'il arrive. C'est ce que semble avoir compris le chauffeur qui, en maugréant sur sa journée foutue, fait le tour du bloc pour me déposer : j'étais perdu... à cent mètres de ma destination.

La façade marron barrée du sigle qui m'a fait rêver pendant des mois me toise. Assis sur le rebord de l'entrée, un étudiant slappe nonchalamment les cordes de sa basse, deux lascars en bandana lisent des partitions, un batteur mouline ses baguettes sur ses cuisses en bavardant avec Lester Parker, un vieux pochtron qui fait encore sonner son sax alto comme un chef. À l'intérieur, un immense escalier descend au lobby.

Ma valise pèse une tonne et la poignée choisit le milieu de l'escalier pour me lâcher, sous une bienveillante hilarité. Je récupère slibards et chemises, éparpillés en plein lobby. Mon meilleur anglais ne semble produire aucun effet sur le jeune concierge derrière son comptoir.

– *Hello, I stay at the dormitory, could you show me my room please ?*

Un grand silence puis le petit mec râblé me sort d'une voix rocailleuse :

– Teu casseu pas la tronnche, petit ! avec un accent de Montpellier à couper au couteau.

Patrick Torreglosa. À Berklee, les jobs supplétifs de concierge ou de bibliothécaire sont laissés à des étudiants qui veulent se faire du blé.

Le soir même, nous poussons la porte du Mickael's, *best jazz club in town.* Lounge à alcool avec des meurtrières occultant la lumière de la rue. À l'intérieur, dans des relents de bière et de pisse, deux clodos, trois étudiants et une pute accueillent les musiciens qui s'installent sur une estrade minable, éclairée par une ampoule : Jerry Bergonzi, sax ténor post-coltranien ; Mike Stern, guitariste flamboyant qui se fera embaucher par Miles Davis ; James Williams, pianiste d'Art Blakey ; Bob Kaufman à la batterie. Ce matin encore, j'étais à Roissy, et là des sorciers élaborent devant moi un magma en fusion. Je remercie le prince du désert qui doit bourriner ma Claire à l'heure qu'il est, et les veines recousues de Bruno en manque du petit cul gourmand de Virginie...

Ici et maintenant, je sais que je vais vivre les plus beaux moments musicaux de ma vie.

Le lendemain matin, première évaluation au piano.

Après avoir déchiffré un thème puis attaqué un solo sur la grille, je reçois du prof une grande claque dans le dos :

– *Goooood, good playing, your piano teacher is Jeff...*

Je sors sous les applaudissements des étudiants qui font la queue dans les couloirs en pensant que cette école est bidon.

Le verre à moitié plein d'un Américain sera toujours à moitié vide pour un Français. Ici, les profs disent :

– Ça tu le fais bien, travaille-le, fabrique ton style.

En France :

– Ça, tu le fais bien, mais il y a plein de choses que tu ne sais pas faire encore, travaille tes faiblesses.

L'un vous donne des ailes, l'autre vous plombe.

Le matin, cours théoriques. Les séances de solfège qui n'étaient que purge dans mon conservatoire de province se transforment ici en leçons de swing. L'ânonnement fastidieux : « Croche, croche, croche pointée double » devient « douh, douh, dobeul you dat ». Voir toute une classe en scatt comme un seul homme, ça vous redonne foi dans le collectif ; ici le pluriel ne produit pas que des chants avinés de supporters de foot. L'après-midi, dans les cours d'ensembles, les profs faisaient les chefs d'orchestre. Un des meilleurs s'appelait Orville, c'était un immense Black raciste pour qui la grâce n'avait touché que ses frères ; il nous donnait le tempo en soupirant, la tête dans les mains, semblant penser : « Qu'est-ce que vous allez encore me massacrer aujourd'hui ? » Mais rien qu'à sa manière de claquer des doigts à contretemps, il nous lançait sur des rails :

– *Ah one...* / snap... snap... / *ah two...* / snap... snap... / *ah one...* / snap... / *ah two...* / snap... / *ah one... ah two... ah three... ah four...*

Et blaaaahmmm, la première note nous cambrait tous de plaisir sur nos instruments.

Le soir, dans les sous-sols, une vingtaine de studios nous attendaient pour les jam sessions. À travers une lucarne, on voyait les musiciens jouer et, si ça nous plaisait, on entrait avec sa bible pour tenter sa chance.

– Quelle page ?

– *Pensativa*, page 235 du Real Book. Trois... Quatre...

Un jour, j'attrape la honte de ma vie. Installé dans un studio du sous-sol avec un sextet (quatre New-Yorkais, un Niçois et moi), je vois entrer un grand flûtiste australien en short, avec des longues jambes poilues : *Blue Bossa*, page 46. Le standard est très facile. Le mec expose le thème laborieusement, faux, pas en place, puis il prend un solo avec des pains partout ; fin du calvaire, sans insister il nous remercie. À peine a-t-il claqué la porte que deux éclats de rire retentissent dans le studio : les deux Français, évidemment. Il y a eu de l'étonnement dans le regard de nos potes new-yorkais, pas même un reproche : ils n'ont pas compris pourquoi on riait.

Vingt-quatre heures non-stop d'immersion dans du limpide, du cristal, de l'évidence : voilà comment ils ont réussi la transmission d'une des musiques les plus sophistiquées du XXe siècle. Je rigolais en pensant à tous ces cours foireux qui m'avaient fait courir en France, de la méthode empirique du professeur Gilson avec ses enchaînements de tierce majeure et tierce mineure sous forme de diagrammes en « + – + – + – » aux

« T'as qu'à boire un whisky » du professeur Maimone, en passant par « La note doit rebondir comme une balle » du professeur Sardaby qui me faisait jouer do ré mi fa sol pendant deux heures à cent balles de l'heure, une fortune à l'époque, après quatre heures trente de train Corail de Lyon à Paris plus retour dans la journée sans me filer le moindre plan d'accord, le tout avec un air de grand savant Diafoirus étonné lui-même de toute sa science.

À la Berklee, ils tenaient sur une seule page les secrets de l'harmonie diatonique ! Une seule page où était condensée toute l'harmonie occidentale, de Bach à Debussy, et les secrets de l'improvisation par la grâce du chiffrage d'accords.

La concurrence n'existait plus ; dans le moindre bar de la ville, de jeunes prodiges en transe se frottaient aux musiciens d'Art Blakey, de Pat Metheny ou aux intellos du New England Conservatory, les élèves de George Russel. Plus d'une fois, je regardais ma montre – encore une demi-heure de practice-room avant minuit –, je fonçais, et je m'enfermais devant un piano en essayant de reproduire ce que je venais d'entendre.

Un matin, à la fin d'un cours de Listening Analysis qui consistait à écouter des disques et à lever les orchestrations, le prof vient vers moi.

C'est un grand barbu super cool. Quand nous sommes arrivés, lors de ses questions sur nos motivations, il est parti d'un grand rire après avoir entendu vingt-sept fois « Je suis là parce que la musique, c'est ma passion ». De son temps, les réponses étaient plutôt : « Je suis là pour éviter la guerre du Vietnam »...

Il s'occupe d'un dance-band et me propose une place de claviers pour une tournée d'un an. J'en parle à mes potes. Réponse des ayatollahs du ternaire :

– T'es débile ou quoi ? Tu viens ici pour faire du jazz et tu vas faire des balloches ?

Je les écoute et décline l'offre à contrecœur.

Trois semaines plus tard, en passant devant un studio de répétition, j'entends un gros son funk qui fait vibrer la porte. J'entrouvre : quatre cuivres envoient des doubles croches en suraiguës, trois choristes black bombasses se déhanchent sur une clavinette qui hache l'espace, en réponse à une basse slappée qui semble provoquer un batteur en furie. Ces fils d'Earth Wind and Fire composaient le dance-band en question ! Meeeerde... J'avais juste oublié un détail : la conception du balloche n'est pas la même dans un bal-room de Nouvelle-Angleterre qu'à Joinville, Chez Gégène. Bah, d'autres occasions se présenteront.

*
* *

« Reviens, c'est fini avec Djé, je t'aime », signé Claire.

Voilà comment s'achève ma carrière américaine...

J'avais pourtant tout préparé, mes parents devaient vendre mon piano Yamaha CP 70. Avec ça je pouvais tenir un an de plus, je commençais à avoir des cachets dans Boston avec une chouette rythmique, j'aurais pu voir venir...

Mais l'appel des phéromones est le plus fort, et puis un an à bouffer de la merde m'avait ôté jusqu'à la sensation de l'appétit. À la cafétéria de la fac, Patrick Torreglosa soupirait :

– Au moins, ici, j'aurai appris à me branler en silence (nous dormions dans des chambres de trois).

Les tables étaient clairsemées après les repas. Parmi les mecs qui sirotaient leur café en fumant leur clope, on pouvait être sûr qu'il n'y avait pas un seul Américain. Pour les Yankees, manger et faire caca, c'était pareil : un besoin hygiénique. Le plaisir digestif du refaisage de monde, ils ne connaissaient pas. Mes potes étaient européens ou sud-américains. Impossible de rentrer dans l'intimité d'un Yankee. Même si musicalement on partageait des choses intenses, il y a une zone que l'on ne franchit pas chez l'Anglo-Saxon de base, encore moins dans un couple, une zone au-delà de laquelle on viole son espace intime, et c'est justement cette zone qu'on adore titiller, nous, les Frenchs pervers.

Un dimanche de cafard, Bob de Philadelphie et moi étions assis sur la jetée de Seaport à regarder les mouettes jouer sur l'océan ; il était plus ouvert que les autres, le Bob, il se rappelait son grand-père italien, l'Europe n'était pas encore oubliée, chez lui. Il avait une chouette moustache ; je me suis abandonné :

– On est quand même plus faits pour vivre dans la nature plutôt que dans une ville.

Lui :

– Tu parles comme un communiste.

Fin de l'échange le plus intime que j'ai eu avec un fils du *Mayflower*.

Les filles, c'était pas mieux. Elles disaient : « *my food, my jogging, my shopping, my sex* ». On passait des heures à les draguer en les baratinant, elles ne comprenaient pas où l'on voulait en venir. Un gros Musclor texan arrivait – « *You look gorgeous, you want to have sex with me ?* » – et la fille partait avec lui, nous laissant avec notre « geyser comparable à celui du lac Léman » que nous avait inspiré l'intensité de son regard.

Un an de pignoles, j'en pouvais plus.

Certains week-ends, on se retrouvait entre Français, on louait une grosse Lincoln et on traçait sur Cape Cod, la côte atlantique sauvage de la Nouvelle-Angleterre. Là avait été tourné le film *Un été 42*, l'histoire d'un ado se faisant dépuceler au ralenti par une somptueuse trentenaire qui venait juste d'apprendre que son mari était mort à la guerre, sur une musique de Michel Legrand. Justement c'était son fils, Hervé, qui conduisait la Lincoln. Plutôt bon pianiste, mais il avait la sale manie de fredonner des solos inchantables d'une voix de fausset en roulant vers les dunes face au coucher de soleil.

Oui, il était temps que je rentre.

XI

Jean-Charles Bertrand

Lyon Satolas...

L'atterrissage est rude.

Claire se tient toute timide et gauche en face de moi. Il nous faudra un peu de temps pour nous retrouver. Comité d'accueil chez ses parents, ils habitent un pavillon pas loin de l'aéroport. J'ai l'impression d'être parti la veille.

Première panique, une seule idée : retourner là-bas.

En une semaine, je joue au Loto, au tiercé, j'essaie tout ce qui se gratte. Gagner de l'argent pour repartir. Vite. En tout cas, une chose est sûre, je ne jouerai plus d'orgue électronique dans les foires. Les frères Guillard sont furieux : une belle carrière m'attendait chez eux, ils avaient de grandes ambitions pour moi... Je passe une annonce dans *Le Progrès de Lyon* : « Pianiste revenant de la Berklee School donne cours d'improvisation jazz. Bon niveau exigé. » Le téléphone n'arrête pas de sonner. À ma grande surprise, ma clientèle est exclusivement féminine. Je me ramasse une majorité de gonzesses frustrées par le classique qui se mettent à pleurer quand je leur demande de se libérer pour improviser en m'expliquant que leur blocage doit être d'ordre sexuel.

Je refilerai toutes mes élèves à Jean-Marc Wimm, pianiste de free jazz en panne de concerts, qui m'avouera plus tard les avoir toutes libérées, le bâtard.

Bref, la vie pépère de jazzman de province reprend son cours. Je retourne au Hot Club de Lyon. Il y a encore deux ans, j'y étais fourré tous les soirs, à baver devant des musiciens qui jouaient des milliers de notes devant un carnet sur lequel trois pauvres lignes de lettres chiffrées les guidaient là où la notation traditionnelle eût exigé un Bottin entier de partitions. Je sautais sur tous les pianistes, mendiant un conseil. La plupart du temps, ces autodidactes étaient incapables de m'expliquer quoi que ce soit.

Un soir, Jean-Charles Bertrand, l'Erroll Garner des quais de Saône, la quarantaine élégante, déploie son swing nonchalant. Ma voisine, une bourgeoise blonde, le dévore des yeux. Je m'enhardis :

– Vous êtes sa femme ? Qu'est-ce qu'il joue bien...

– N'est-ce pas ? me répond-elle en versaillais. En plus il fait ça pour son plaisir, son vrai métier c'est architecte !

Désopilant.

– Vous croyez qu'il me donnerait des cours ?

– Mais demandez-lui, jeune homme, ne soyez pas timide...

Il m'a envoyé chier grave, ne prenant même pas la peine de finir une vague phrase sur l'intransmissibilité de certains dons.

Deux ans plus tard, sur la scène du club, Karim, un tueur impassible avec une tête de Buster Keaton, chauffe son manche de Gibson à blanc. Pendant une pause, il me fait signe et je m'installe au piano. Le bassiste, Dominique Di Piazza, me scrute, l'œil sombre.

– Tu connais *Donna Lee* ?

À Berklee, ce thème, on le jouait au moins trois fois par jour, à l'endroit, à l'envers, à l'unisson, cuisiné à l'unilatéral, à la vapeur, sauté à toutes les sauces et dans toutes les positions.

Charlie Parker a écrit là le morceau fondateur du be-bop, un thème tout en doubles croches, comme un solo à tout berzingue ; après un exposé pareil, on ne peut que continuer dans la veine, il faut de la vitesse, de la dextérité, une connaissance des gammes parfaite, il faut avoir des muscles, des tendons souples, les os solides, le sens du paroxysme et être au moins trilingue pour soutenir une conversation sur ce thème. Il donne le tempo.

TROIS... QUATRE...

On se grimperait dessus de plaisir que ce serait pareil. Ce bassiste a une technique de flamenco : il attaque la corde par-dessous avec le pouce pour la relâcher violemment contre le micro, puis fait la même chose avec l'index, produisant un phrasé détaché qui martèle chaque note avec une précision redoutable.

Tout le plaisir du jazz : s'envoler sur une rythmique, se laisser emporter dans un cyclone qu'on crée ensemble, acte orgasmique pur où les cris et les râles fusent, venant tour à tour des musiciens puis du public.

– Plus fort, le piano dans la sono, plus fort...

Toute la salle est debout; au fond, une tête avec des yeux exorbités semble faire des efforts désespérés pour suivre ce qui se passe sur scène. La coupe de cheveux est parfaite, le foulard bien ajusté. Je mesure mes progrès dans le regard affolé de Jean-Charles Bertrand.

XII

Michelle

Un coup de fil, un samedi matin.

– Bonjour, je suis Jacques La Balme, de l'orchestre « Jacques La Balme et ses rythmes attractifs », de Grenoble. Je cherche André...

– C'est moi.

– Il paraît que vous revenez de la *Berklee School of Music*?

– Oui.

– Bon, il faut me sauver, mon clavier m'a lâché en pleine tournée, il faut venir ce soir, vous êtes libre?

– Vous faites quoi comme musique ?

– On accompagne une grande vedette, Michelle Torr...

Le nom me rappelle vaguement une trapéziste qui s'était mise à la sculpture...

– Euh, vous savez, mon truc à moi, c'est plutôt le jazz...

– Pas de problème, on jouera *Summertime* pendant les balances !

– ....???!!!

– Je vous attends à midi, le camion sera à la sortie de Valence sur l'A7.

– Allô ?

Je n'ai jamais su dire non.

Me voilà dans un camion avec des mecs improbables, genre bandits calabrais moustachus et permanentés. Le chauffeur est le guitariste de l'orchestre, le bassiste fait aussi la sécurité, la choriste repasse les robes de la star, le batteur fait la gueule, et un vieux prof du Conservatoire flanqué d'un élève assure la section de cuivres en nous expliquant comment c'était le métier à Paris, du temps où il jouait du trombone au Lido...

Pour le coup on arrive à Saint-Pons-de-Thomières, Haut-Languedoc, lieu emblématique de la civilisation saint-ponienne, à l'origine de la statuaire mégalithique la plus ancienne d'Europe. La scène est montée sur des tréteaux, sur la place du village. Le chef d'orchestre arrive de Paris dans une CX blanche lustrée, avec l'autre choriste blond platine qui faisait partie des Fléchettes, les chanteuses de Claude François. Y a eux, et nous, on est les ploucs de province.

On me donne un Solina, premier clavier censé imiter les violons. Pas le temps de répéter. Les lumières s'allument, attirant les moustiques et la star immaculée, enveloppée dans la même mousseline blanche que la Barbie de ma petite sœur. On entre direct dans le vif du sujet : *Emmène-moi danser ce soir*. Adieu Thelonius Monk...

Alors là, problème : je tiens donc le Solina, et j'ai une grille d'accords devant moi : do, mi mineur, la mineur, sol.

Seulement voilà, à Boston, j'ai payé la peau du cul pour apprendre que quand il n'y a rien d'écrit derrière un accord, c'est qu'il est majeur. Jusque-là, tout va bien. Sauf que s'il est majeur, dans l'harmonie du jazz, ça sous-entend qu'on peut ajouter la septième, puis la neuvième, puis la onzième augmentée, autrement dit toutes les tensions qui vont enrichir l'accord de base, et il faut pratiquer et pratiquer encore pour acquérir cet automatisme, ce qui n'est pas facile (des heures enfermé dans un practice-room minuscule avec un méchant piano droit...). Alors, une fois qu'on l'a, ce réflexe chèrement acquis, on ne peut pas s'en défaire comme ça, et moi, je suis en train de jouer *Emmène-moi danser ce soir* avec un son de violons en plastique et des harmonies qui font sonner la diva du Vaucluse comme une égérie berlinoise chantant du Stockhausen. J'ai les doigts tétanisés sur les touches tellement le résultat sonore est immonde. Le chef d'orchestre, entre deux sourires crispés, me hurle dessus :

– MAIS C'EST FAUX !

– Je sais mais je ne peux pas faire autrement...

À la fin du cacheton, il m'attrape :

– Tu as de la chance qu'on soit en plein été et qu'on n'ait personne d'autre pour faire le job, sinon t'étais viré. Alors voilà une cassette et, mon vieux, t'as intérêt à bosser.

Je me retrouve chez moi à essayer de jouer le plus simplement possible des enchaînements de base d'un compositeur qui devait juste savoir jouer avec deux doigts. J'ai de la peine et j'ai envie de chialer mais je ne peux pas rester sur cet affront. Alors je travaille les accords minables et la fois d'après, le chef d'orchestre me félicite :

– Bravo, tu as fait des progrès.

Je défaille de honte, il prend ça pour de la joie.

– Félicitations, tu as le job.

Et je me retrouve titulaire d'un poste que je n'avais pas demandé.

Mais une des plus belles rencontres musicales de ma vie naît de ce bain improbable : dans la section de cuivres, il y a un certain Pierre Drevet, premier trompette, prix d'harmonie, son puissant, leader naturel, pantalon en tergal marron et col roulé beige, look de maquignon. Il me branche direct :

– T'as fait Berklee, toi ? Montre-moi des accords.

Je me mets au piano et lui sors des deux-cinq-un chiadés avec un peu de pentatonique autour.

– Pas mal... Tu connais ça ?

Il s'assoit à son tour derrière le clavier et me sort une transcription de *Nature Boy* par les Singers Unlimited qu'il a relevé à l'oreille, genre de suite contrapunctique d'accords où les doigts deviennent des araignées qui font Vishnou. C'est à tomber.

Ce mec joue de la trompette comme un dieu et pose des accords de tueur sur un piano. Déjà que jouer à peu près d'un seul instrument, c'est dur... Je le prends par le bras :

– J'ai une section rythmique d'enfer...

– Et moi, j'ai six cuivres qui assurent...

On se serre la main et on fait Horn Stuff.

XIII

Horn Stuff

Il habite Grenoble et moi Lyon, on se partage les allers-retours, et on compose un solide répertoire original à raison de deux titres par jour. On écrit tout, jusqu'au moindre break de batterie, on arrive avec les partoches en répète, nos onze musiciens lisent à vue et on se prend la formidable gifle d'entendre nos compos d'énervés sortir avec une pêche terrible de ces tueurs au look de maraîchers. Les jazzmen de province ont toujours eu des problèmes vestimentaires...

Après quelques concerts pour se roder, on a trouvé un deal dans le planning de nuit d'un studio d'enregistrement vers Grenoble. Le patron faisait des covers des tubes du top 50 : « Numéro 1 des slows par Joe First et son orchestre ». L'orchestre, c'était nous, en échange de quoi on avait du studio gratuit. Curieux comme le prix à payer pour faire notre musique était exorbitant : pour chaque note qu'on voulait sortir du bide, il fallait jouer une bouse...

Un soir, alors que j'arrive au studio, une jeune apparition métissée quitte la cabine du boss. Dans l'odeur de champignons et de clope froide des locaux de répète, une traînée de musc vanillé au milieu des haleines pas fraîches de mes camarades à gros mollets me coince les doigts dans le flight case d'où j'essaie d'extraire mon Fender Rhodes.

– Qui c'est, la fille ? je demande au taulier, l'air détaché.

– Une chanteuse, elle cherche des séances de chœur...

– On pourrait pas l'essayer pour un solo de voix sur un titre ?

En ce temps-là, le chant, c'était un truc abstrait pour nous ; on ne faisait pas franchement la différence entre Stevie Wonder et Sheila, plus préoccupés par les superstructures d'accords ou les polyphonies des Pygmées Ba-benzélé que par le message premier degré de *All in Love Is Fair.*

Pierre bougonne une vague approbation. Le taulier sort en courant et rattrape la voiture qui reculait sur le mauvais chemin de terre. La jeune fille revient, elle s'appelle Betty. Je lui demande de tenter un solo sur un passage instrumental. Son mec, qui conduisait la voiture, se tient dans l'ombre, sourire en coin. Il semble nous dire « vous allez voir ce que vous allez voir ».

Et on voit...

Sur un lit ouaté de piano électrique, une voix incroyablement profonde se pose. Elle construit les fondements d'un son grave et serein, puis monte graduellement, franchit le cap des différentes tessitures, mezzo, alto, soprano, et, se jouant de ces frontières naturelles, finit par exploser dans un relâchement total sur un contre-mi à la Minnie Ripperton, un sourire extatique aux lèvres, la tête dans les nuages et moi avec...

Ce soir-là, au fin fond de la cambrousse dauphinoise, entre Grenoble et Villard-de-Lans, le ciel s'est ouvert en deux, un éclair a déchiré le plafond, m'a fracassé le crâne et a fini par sortir en explosant mes baskets... J'avais trouvé ma voix, j'avais trouvé le plus bel instrument du monde auquel j'allais désormais dédier ma musique, mes fluides, ma vie.

Rentré chez moi, je me mets à écrire frénétiquement des paroles en anglais au moins aussi pitoyables que celles évoquées plus haut. Il s'agit de mettre du chant partout où c'est possible, et le miracle a lieu... La princesse sonne comme Sarah Vaughan.

C'est ma première chanteuse, mon premier groupe, j'ai à peine vingt ans, ça sonne ricain à mort, et un bonheur n'arrivant jamais seul, dans un mois je me marie avec Claire.

XIV

Betty

Fin de mixage. Les musiciens, entassés dans la cabine du studio, les yeux rivés sur les gros moyeux chromés du Studer déroulant la bande magnétique découvrent bouche bée l'étendue des fréquences de leurs instruments : les graves polies et compressées des basses, la puissance et la précision des percussions, la chambre de réverbération qui fait sonner les cuivres comme une section divine, et la voix de Betty, planant au-dessus du tout. Le miroir du studio est implacable, pourtant : il accentue les qualités, mais les défauts aussi. Nombre de groupes explosent en plein vol à l'écoute collective de leurs premières maquettes. Mais cette fois, l'image renvoyée nous semble incroyablement belle, l'écriture des cuivres de Pierre est à la hauteur de certaines pages de Thad Jones, la voix de Betty sur mes ballades atteint la grâce des grandes divas du jazz ; on nage dans un pur vintage, pas loin de nos héros d'outre-Atlantique...

Fin de l'écoute, on glousse, on se donne du coude, on se congratule ; puis, petit à petit, la cabine, comme à regret, se vide de ses occupants pour ne garder, dans un coin, que Betty et moi.

Claude, l'ingénieur du son, fait semblant de bricoler trois potards...

– Claude, il te reste de la bande ?

– Oui, pourquoi ?

– Ça t'ennuierait de rebrancher les micros et de laisser filer le magnéto ? Je voudrais essayer un truc avec Betty, juste piano-voix...

Elle se tient dans la cambrure du Steinway ; les accords que je pose sur les touches d'ivoire sont autant de caresses détournées ; nos notes s'entremêlent, à la limite du diabète acoustique ; Betty semble avoir la prescience des accords que je vais jouer, nous avançons ensemble, quand l'un hésite, l'autre respire, puis envoie un appel aussitôt repris ; le contrepoint des lignes qui se croisent, se séparent, reviennent et se recroisent semble animé par une force élastique qui pulse nos arabesques, comme deux aimants qui se repoussent...

On s'est retrouvés dehors, puis en ville, puis dans un restaurant vietnamien sans trop savoir comment – impossible d'avaler quoi que ce soit –, à se dévorer des yeux, flottant au-dessus du gouffre sans fond qui nous sépare : elle a dix-neuf ans, la beauté de Néfertiti, un mec, un bébé de quinze mois ; moi, je me marie la semaine prochaine et Claire est enceinte...

Nous dégustons l'absolu des choses interdites en sirotant un saké qui dénude des Asiates goguenardes au fond de nos tasses. C'est égal, l'union s'accomplira ailleurs, nos épousailles seront musicales, plus fortes que la chair, elles scelleront le pacte des âmes sœurs. À quoi bon le reste ? Peut-être dans une autre vie, sur une autre planète... Nous en sommes à ce point dans nos renoncements quand, au sortir du restaurant, l'orage de juillet nous ramène brutalement sur Terre. On ne convoque pas impunément les forces célestes : toute la tension accumulée pendant le dîner se déverse en trombes d'eau sur nos têtes. Immobiles sous le déluge au milieu des passants qui courent dans tous les sens, nous nous retournons lentement, suspendus dans le temps ; un éclair donne le signal : nos bouches se précipitent l'une contre l'autre, nos lèvres se mordent, nos langues se mêlent dans le baiser le plus long de l'histoire de mon cinéma. Je bois toute l'eau du ciel ruisselant sur son visage.

Nous nous sommes réfugiés dans la Lada en buée, le baiser continue, acharné, et maintenant elle fouille de sa main mon pantalon, je tente de l'en empêcher, un geste impérieux me fait comprendre que c'est inutile, et j'entends, étonné, un long brame ridicule sortir de ma bouche alors que je jouis dans sa main.

Le mariage a eu lieu, comme dans un rêve. Claire était radieuse dans sa robe de satin blanc avec son ventre gros de quatre mois. Le curé arménien de mon enfance, celui des fous rires dévastateurs de mon père, nous a bénis dans l'église que mon grand-père a construite. Pendant que le curé passait le cordon rituel autour de nos têtes, j'ai serré très fort la main de ma jeune épousée, lui promettant silencieusement du fond de mon âme et devant Dieu de toujours l'aimer, de ne jamais lui faire de mal, de chérir et de protéger l'enfant qui allait naître...

Et puis j'ai retrouvé Betty dans des hôtels, chez Pierre, dans le train, chez un grossiste libanais à Paris, sous un téléphérique à Grenoble, dans un palace, dans un claque de gare, dans une voiture. Elle pouvait m'ouvrir la braguette en plein milieu d'un embouteillage, avaler mon sexe jusqu'à en hoqueter tout en se caressant et jouir alors que j'explosais dans sa bouche au beau milieu des piétons. Son cul cambré dans les miroirs des hôtels demandait impérieusement encore et encore, et je regardais jusqu'à plus soif nos étreintes rythmées par ses suppliques, ses plaintes, ses cris, ses râles. Le monde extérieur n'existait plus ; le réel s'enfonçait lentement dans la moquette des chambres de fortune qui nous accueillaient ; plus rien n'avait d'importance, je flottais dans l'espace au gré des effluves musqués de sa peau, devenant spectateur de mon propre abandon ; je commençais à me dématérialiser quand Pierre, brutalement, m'a reparlé du pays.

Il est au volant, nous roulons sur le périphérique, revenant de Malakoff, notre premier contrat de disques en poche. Un petit label a signé Horn Stuff avec l'enthousiasme des indépendants. J'en ai profité pour faire monter Betty en cachette et je compte bien la retrouver à Paris.

– Dépose-moi porte d'Orléans, je demande.

– Non !

– Comment ça, non ?

– Non, je ne te dépose pas porte d'Orléans, tu rentres chez toi, à Lyon, ça suffit tes conneries...

Je suffoque, estomaqué.

– Laisse-moi au moins la prévenir !

– Non, si tu la revois, tu replonges.

Il a raison, l'enfoiré.

– Je ne peux pas la quitter comme ça, tout de même...

– Y a pas trente-six manières de quitter ; la meilleure, c'est celle-là justement : partir, sans se retourner.

Même pas un feu rouge pour que je m'échappe, le prochain arrêt est le péage de Fontainebleau ; avant que je la rejoigne en stop, elle sera partie et je ne connais pas son point de chute. Je me renfrogne dans mon siège, interloqué par l'ingérence humanitaire de mon pote.

Quatre heures plus tard, il me pose en bas de chez moi. Je le quitte sans un mot.

Le lendemain matin, au réveil, Betty est sortie de ma tête. L'envoûtement a cessé aussi violemment qu'il était venu. Je me suis senti comme libéré d'un enchantement, la vie redevenait légère, je redécouvrais mes proches.

Mais j'avais perdu une sacrée chanteuse...

Deuxième partie

L'apprentissage

XV

Sarah

J'arrangeais un titre dans un studio de Villeurbanne pour un vieil industriel qui faisait chanter sa maîtresse et comptait la produire. Je lui avais mitonné un somptueux play-back, le vieil amant n'avait pas lésiné sur les moyens : je disposais, en plus du combo rythmique habituel – basse, batterie, claviers, guitare –, d'une section de cordes de quarante violonistes. Tout ce que j'avais appris dans la classe de Symphonic Writing de Berklee y était passé ; j'étais particulièrement fier d'un contre-chant de violoncelles à la Dvorak qui allait finir à la poubelle, avec tout le reste. La chanteuse aux yeux bleus pleins de lumière avait une voix de crécelle très acide qui faisait grincer les dents comme une fourchette sur un plat en inox. Le Roméo sexagénaire, chaque fois que sa belle faisait couiner son organe, l'encourageait d'un regard énamouré, et c'était une vraie pitié que d'entendre ce gros son hollywoodien au service d'une tarte pareille.

Le supplice vocal terminé, le vieil homme se retourne vers une jeune fille timide assise à l'écart et lui demande si elle veut bien faire quelques chœurs. Je m'apprêtais à demander discrètement à l'ingénieur du son de me faire tourner une version sans la voix pour mes archives personnelles, mais non, la corvée n'était pas finie : après la maîtresse, il fallait maintenant enregistrer des chœurs avec la petite nièce ! L'ingénieur ravale sa fierté, réinstalle le micro chant dans la cabine pendant que les violonistes plient bagage et que je me mets au piano pour trouver une vague harmonisation afin de parapher ce chef-d'œuvre vocal. La petite choriste s'appelle Sarah, et il faut se dépêcher parce qu'elle a séché les cours et que sa maman va être furieuse. Je lève les yeux au ciel, décide de faire simple, lui donne un doublage de tierce en me disant qu'on va encore y passer des heures...

À peine le contre-chant joué, la petite s'exécute. Elle a pigé la mélodie tout de suite et m'envoie en pleine figure, du haut de son mètre cinquante-huit, de ses dix-sept ans, de ses fossettes et de ses taches de rousseur espiègles, un concentré de technique pure et d'émotion biblique, un voile sur les cordes vocales comme un soupir de Claudia Cardinale, imparable de justesse, de précision, les mélismes ciselés dans l'azote liquide. Je reste bête, l'ingé-son me regarde avec un grand sourire idiot et nous voilà partis pour deux heures de doublages vocaux, d'harmonies gospellisantes, de contre-chants avec cette mini Barbra Streisand. Une vraie régalade pendant que le producteur, dans la salle de repos, explique à sa belle égérie à la voix inoxydable le plan de carrière qu'il a concocté pour elle.

À la fin de la séance, une fois les tourtereaux partis, je demande illico à Sarah de chanter dans Horn Stuff ; elle se dit très flattée, bien sûr elle connaît le groupe mais semble légèrement contrariée. Je m'inquiète, insiste, et elle finit par me lâcher que son rêve, c'est de chanter en duo avec son fiancé, Dany. Qu'à cela ne tienne, je rencontrerai le fiancé ! Dès le lendemain, dans un bar près de la place Bellecour, je fais l'article avec enthousiasme au flamboyant Dany, chanteur soul loukoum de bar-mitsva californienne, Stevie Wonder de Villeurbanne, lyrisme de pizzaïolo, sourire crétin, sûr qu'il va y arriver.

Il hésite, évoque sa carrière perso, m'avoue taquiner la composition, pas à notre niveau mais tout de même ; avec son frère et son cousin Norbert, ils auraient la possibilité d'enregistrer des maquettes et de les faire écouter au beau-frère de sa mère qui connaît personnellement le voisin d'Eddie Barclay. Je lui dis que c'est génial, qu'ils en ont, de la chance, mais que ça ne doit pas les empêcher, Sarah et lui, de chanter avec nous, puisqu'on a un deal avec un petit label de jazz ; bien sûr ça n'est pas Barclay mais, justement, ils pourraient se faire connaître et ça les aiderait assurément à attaquer la voie royale qui s'offre à eux via le beau-frère du cousin du voisin d'Eddie...

Il finit par accepter en me tendant la main, comme un prince magnanime qui vient de faire une bonne action, et la petite, soulagée, sourit de toutes ses fossettes et applaudit des deux mains, les yeux pleins d'admiration pour son Dany.

Mes potes d'Horn Stuff prennent la nouvelle avec une joie modérée. En fait, ils commencent à craquer, surtout Pierre. On se rêvait Tower of Power, Blood Sweet and Tears, mais là on frise Al Bano & Romina Power...

Quant à moi, je n'ai jamais eu peur du ridicule, et je suis prêt à tout pour aller vers la promesse de cette voix délicieuse qui m'a laissé entrevoir des extases de haut vol. J'assume, je suppute, je pressens, l'expérience m'a prouvé que le destin, parfois, se met un gros nez rouge pour vous tester.

Nous voilà partis dans un studio perdu dans le Beaujolais profond pour faire notre second album. Enregistrer des musiques urbaines dans des no man's land de ploucs, c'était devenu notre spécialité. Le groupe avait pris du poil aux pattes, les titres étaient plus funky ; Jean-Paul, l'ingénieur, nous faisait un gros son à la George Duke, les riffs ravageurs de notre section de cuivres décoiffaient encore plus qu'avant. Notre duo chantant sonnait comme ces super choristes de Quincy Jones période *Ai No Corrida*. Arrive une ballade jazzy bien sucrée que j'avais composée pour Betty, *Black Lips*. Je négocie avec Dany.

– Peut-être que cette chanson, elle peut la chanter seule ?

– Mais bien sûr, qu'il me fait, celle-là elle est pour elle.

Tu parles ! Derrière la vitre, dans la Control Room exiguë, au milieu des machines multipistes, l'ingé son lance la bande. La contrebasse pose des grasses notes bien au fond du temps sur les balais qui pulsent lentement la double peau à bain d'huile de la caisse claire. Un tapis de cuivres se déroule jusqu'aux pieds de la princesse qui part dans un murmure grave. Et nous voilà immergés dans l'érotisme tantrique d'un cérémonial magique : je lui donne une mélodie, elle me la renvoie en exhalant toutes les émotions cachées dans les plis de ses lignes. D'une brisure de voix, elle me déchire le cœur et je lui renvoie la trogne ébahie du premier auditeur. Alors, se trouvant belle en ce miroir, elle s'enhardit et ose des choses qu'elle ne soupçonnait pas, des choses qui viennent de loin, qui étaient cachées au fond de son ventre et nous explosent en plein visage, dévastant nos armures de musiciens virils ; et nous, on devient des midinettes en pâmoison devant une pétroleuse de dix-sept ans qui nous manipule comme une vraie sorcière !

Fin du titre. Elle lui tient encore la main, à l'autre imbécile, elle ne l'a pas lâchée pendant qu'elle se jouait des lois de la pesanteur. Silence de stupeur dans la cabine. On se sent cons d'avoir été emmenés si haut ; la vision des deux tourtereaux avec un casque sur la tête nous fait expulser avec violence l'air compressé des trois minutes trente d'apnée religieuse qu'on vient de se farcir. Incapables de parler dans le micro d'ordre, nous voilà couchés par terre, hurlant de rire, à taper des poings sur la moquette.

Elle attend gentiment un commentaire qui ne vient pas. Elle se demande si elle a été bonne, la miss...

XVI

André Francis

J'ai envoyé la cassette à André Francis, le Monsieur Jazz de France Inter, celui qui prend une voix d'huissier de justice pour annoncer : « ... Le jeune Anthony Williams, à peine âgé de dix-sept ans, tiendra la batterie du nouveau quintet de Miles Davis en cette édition du Festival d'Antibes-Juan-les-Pins de 1962. »

Comme un débutant, je ne mentionne rien sur la jaquette, pas de nom ni d'adresse. Ça me tracasse pendant cinq minutes et puis j'oublie.

Quelques jours plus tard, Raoul, bassiste de rock progressif à tendance casse-couilles, m'appelle :

– Dis donc, mec, je crois qu'ils passent ton groupe sur France Inter...

– HEIN ?

– Vas-y, allume ta radio !

J'allume. C'est la voix de Sarah, c'est ma chanson !

Fin du titre, commentaire du speaker :

– On ne sait toujours pas qui est ce mystérieux groupe et surtout cette mystérieuse chanteuse. Si vous avez le moindre indice, n'hésitez pas, appelez-nous au 524 7000. Des auditeurs nous signalent l'avoir entendue du côté de Lille, d'autres pensent reconnaître une grande chanteuse américaine, pour l'instant le mystère persiste ! Allez, en attendant, c'est trop bon, on se la repasse...

– *If I... could find a way... to vanish in the air...*

La voix de Sarah se répand à nouveau en modulation de fréquence.

Je fais le 524 7000 en tremblant du genou.

– Allô, j'appelle pour la chanteuse...

– Ne quittez pas, on vous passe le studio.

Sarah continue de chanter dans le téléphone.

– Allô ?

– Bonjour, j'appelle pour la chanteuse...

– Vous savez qui c'est ?

– Ben oui, je suis le compositeur...

– Ne quittez pas !

Quelques secondes plus tard, une voix d'homme énervé :

– Allô, qui êtes-vous, qui est cette chanteuse ?

– Ben, on est de Lyon, enfin les autres sont de Grenoble...

– Non mais elle, elle est américaine !

– Euh, non, elle vient de Villeurbanne.

– Je suis le producteur de la tranche 14-16 heures, votre histoire fait beaucoup de bruit ici depuis qu'André Francis a passé le bobineau dans son émission de jazz dimanche dernier. Voilà ce qu'on va faire : on va la passer en teasing toute la semaine et mardi prochain, on fera la révélation à l'antenne avec elle et vous. D'accord ? Donnez-moi son téléphone !

Je m'exécute et raccroche.

Cinq minutes plus tard :

– Allô, c'est Sarah, c'est pas sympa du tout ce que tu as fait pour Dany...

– QUOI ?

– Non non, je suis trop déçue pour lui.

– Mais tu te rends compte de ce qui t'arrive ?

– Moi je voulais qu'on fasse un duo, *tous les deux*, tu le sais depuis le début...

– Bon, tu vas y aller mardi prochain ?

Elle répond oui à contrecœur. Je raccroche, avec un mauvais pressentiment.

Le mardi suivant, à la Maison de la Radio, on joue *Playtime*, de Tati. Les attachées de presse papillonnent, tout excitées du bon coup qui se trame. On décide de cacher Sarah pendant que je m'installe dans le studio, autour d'une grande table ronde du centre de laquelle jaillit un bouquet de micros en tentacules de métal noir. Les invités sont en place : Jean-Marie Salhani, producteur de Didier Lockwood, Gérald Arnault, rédac chef de *Jazzhot*, André Clergeat, patron des disques Vogue. Je n'ai pas le droit de leur parler, chacun se demande ce qu'il fait là...

Les diodes rouges de l'horloge ronde électronique dessinent un cercle rouge qui s'éteint à chaque minute pour se reconstruire. 14 heures, c'est à nous.

– Bonjour, Jean-Charles Aschero en direct sur France Inter...

Et l'histoire commence.

Il raconte qu'ils ont reçu un bobineau (deuxième fois que j'entends ce terme qui désigne la bande magnétique, ça sonne entre bobinard et bobard) d'un groupe mystérieux avec une chanteuse exceptionnelle. Rien n'étant indiqué sur la jaquette, ils ont d'abord cru à un canular d'une diva du jazz et, après enquête, ils ont décidé de s'entourer des meilleurs spécialistes pour avoir un avis sur la question.

– *If I... could find a way... to vanish in the air...*

La voix de velours de Sarah envahit le studio... Le son est terrible.

Fin de la chanson.

– Messieurs, qu'en pensez-vous ?

– C'est excellent, mais qui chante ?

– Ben justement, on va essayer de vous faire deviner, à votre avis ?

Le rédac chef de *Jazzhot* :

– Pour moi, c'est une Américaine...

Le patron de Vogue :

– Oui, d'autant qu'il n'y a que des Américains pour se payer un orchestre pareil...

Je me marre en silence. Nous, les musiciens de Lyon, Grenoble, Voiron, Saint-Martin-d'Hères et tous les bleds foireux du fin fond de l'Isère, ILS NOUS ONT PRIS POUR DES AMÉRICAINS ! Quant aux moyens, chacun de nous cotisait d'un billet de cent francs et on jouait les merdes des hit-parades pour payer le studio...

Jean-Marie Salhani, plus malin :

– Pour moi, elle n'est pas américaine, je la sens plutôt anglaise à l'accent, voire même hollandaise. En tout cas, elle est exceptionnelle, ça c'est sûr !

Le rédac chef de *Jazzhot* :

– À ce niveau-là, ça ne peut pas être une inconnue et je soupçonne une grande diva du jazz d'avoir voulu vous mettre à l'épreuve, surtout que c'est déjà arrivé par le passé...

Le gentil M.C. les interrompt :

– Eh bien voilà, l'orchestre américain, c'est lui, il s'appelle André et il vient de Lyon ; la chanteuse, elle va rentrer dans le studio, elle s'appelle

Sarah, elle a dix-sept ans et elle ne parle pas un mot d'anglais.

Entrée de Sarah, crépitement des flashes, tronche des spécialistes...

Ils lui sautent dessus, s'extasient de tant de naïveté :

Elle : Sarah Vaughan ? Non, je connais le nom mais je ne l'ai jamais écoutée. Carmen Mac Rae ? Jamais entendu parler.

Eux : Mais ce n'est pas possible, mais une voix pareille, une telle maturité ! Et puis ce sens de l'improvisation...

Une heure comme ça, à se pignoler. Dame, c'est pas tous les jours qu'on trouve une pierre précieuse taillée de façon admirable par la nature...

Je regarde tout ça, amusé.

Convoqués direct après l'émission dans les étages supérieurs :

– On a fait Lama, on a fait Lalanne, maintenant on va vous faire Vous. Vous êtes appelée à être une des meilleures chanteuses de jazz en Europe. Vous allez tourner dans tous les festivals, vous faites le « Grand Échiquier » de Michel Jonasz mercredi prochain.

*
* *

On n'a rien fait du tout : elle a dit non.

À peine rentrés à Lyon, elle m'appelle pour me dire non !

Pour me dire qu'elle abandonne le groupe !

Que c'est pour Dany...

Elle a dit non, quand d'autres auraient vendu leur mère pour avoir juste un rendez-vous.

Par amour pour Dany, qui la plaquera quelques mois plus tard après lui avoir tout fait sauf la faire chanter.

Parfois, le destin, on ne le reconnaît pas avec son nez de Groucho Marx...

Je suis resté prostré des jours entiers chez moi, à penser à l'ascension fulgurante de la face nord qui s'ouvrait et que nous n'avions pas faite par sa faute.

À l'époque, je ne savais même pas ce qu'était une maison de disques, la notion de compromis ne m'avait pas même effleuré. Ça ne risquait pas, on ne connaissait pas les règles. Hormis la fausse relation du triton et comment éviter les écarts de neuvième bémol, on ne savait rien des arcanes du showbiz. On croyait même que les gens qui recevaient les cassettes dans les maisons de disques connaissaient la musique, c'est vous dire...

Ben non.

C'était même pas au camp de base qu'elle nous renvoyait, Sarah, c'était retour chez notre mère, avec les boules, le sentiment d'un gâchis énorme et le mal à l'estomac qui se pointe, insidieux...

De l'influence des variations amoureuses d'une jeune interprète sur le destin de onze lascars à gros mollets qui étaient prêts à en découdre avec la planète et qui furent renvoyés dans leurs foyers, conservatoires, balluches de province et animations pédagogiques diverses...

En rentrant, de rage, on a pris un agent et on a décidé de repartir à l'assaut de la capitale.

J'ai toujours cru en une justice immanente : moins d'une semaine plus tard, un coup de fil nous annonçait notre premier concert dans un club parisien, le Cléopâtre.

XVII

Le Cléopâtre

Le club le plus select de la capitale selon notre agent allait sûrement nous offrir l'occasion de rencontrer un producteur influent. Il fallait à tout prix ouvrir les portes que Sarah nous avait claquées au nez. Seulement, à l'adresse indiquée, pas de club. Et voilà onze pingouins en smoking, instruments en bandoulière, échoués sur le boulevard le nez en l'air, à chercher une enseigne sur la façade d'un complexe commercial à deux pas de la place d'Italie. Ça sent le traquenard. Je m'assieds sur un banc, amusé du spectacle de mes potes qui continuent de scruter les lieux, quand une vague porte de service s'entrouvre en haut d'un escalier de secours. Un homme nous fait signe. À l'intérieur, un couloir desservant des salons privés richement décorés et cachés par des moucharabiehs nous mène jusqu'à une petite scène sur laquelle nous prenons place.

Un vieil homme distingué aux allures de sénateur se présente et nous informe du déroulement de la soirée :

– Pour la musique, vous avez carte blanche, je m'en remets à votre bon goût, votre agent a toute ma confiance. Pour les horaires, ils sont un peu particuliers ; je vous demanderai de jouer des sets très courts de dix minutes toutes les heures, ce jusqu'à deux heures du matin, c'est le bon rythme pour nos soirées. Enfin, messieurs, cet établissement attire des femmes de toute beauté, aussi vous demanderai-je d'avoir une attitude digne et de rester sur votre réserve de musiciens.

Ma parole, il nous prend pour des ploucs ! On sait se tenir, tout de même ! Il y a quelque chose de bizarre ici : jouer dix minutes pour cinquante minutes de pause...

Nous rangeons une fois de plus notre amour-propre dans notre slip et décidons de nous venger sur le répertoire. Ah, on a carte blanche, ah, il fait confiance à notre bon goût ? On va lui en donner, de la classe, au pépère. Aux petits oignons, qu'on va la lui mitonner, sa soirée. Tiens, John Coltrane, Herbie Hancok, Miles Davis, c'est pas la classe, ça ? On va les décoiffer, les femmes les plus chics de Paris, à coups de trombone dans les oreilles, de clusters ravageurs sur le clavier, de breaks épileptiques. Justement, elles arrivent, les élégantes, en robe longue, accueillies d'un baisemain par notre sénateur, au bras de messieurs en smoking. On ne se dégonfle pas et on attaque *Moments Notice* à fond les ballons. Une sorte de jubilation frénétique prend la section de cuivres, les trompettes arrachent leur sourdine, le trombone déchaîne sa coulisse, et le plus fort, c'est que nos provocations ont l'air de plaire au public qui en redemande ! Fin du set, un DJ hongrois réfugié politique met sa console en pilotage automatique et nous saute dessus.

– Bravo, ça fait du bien d'entendre du Coltrane ici !

Il s'extasie devant notre culot de débutants et m'invite au bar où nous entamons, lui et moi, devant des couples enlacés sur Adriano Celentano, un dialogue passionné sur le dépouillement pentatonique du génie de Philadelphie, son mysticisme, ses avancées modales... Soudain Zak nous interrompt violemment. Notre bassiste intégriste, adepte de Pastorius, a le caractère de son instrument : fondamental, calme, basique, taciturne. Je ne l'ai jamais vu dans un tel état d'excitation. Il m'agrippe le bras convulsivement et m'entraîne dans un dédale de couloirs, psalmodiant avec son gros accent de Toulouse : « Je le crois pas, je le crois pas, je le crois pas »... jusqu'à une pièce éclairée d'une lumière violette dans laquelle une assistance recueillie semble contempler un spectacle. Je me fraie un chemin – pardon, pardon, pardon –, je m'attends à voir quoi ? un magicien avec des colombes ?

Assis côte à côte sur un immense sofa, bustes renversés en arrière, un homme, le pantalon baissé sur ses chaussures vernies, et une femme, la robe relevée jusqu'à la ceinture, jambes écartées, offrent leur sexe à leurs lentes caresses et à nos regards dans un silence religieux.

– Mais qu'est-ce qu'ils font, mais qu'est-ce qu'ils font ? je hurle.

Zak me tire dans le couloir.

– Je ne pouvais pas te le dire, c'est insensé, nos gars sont comme des fous !

À ce moment, Thierry, saxophoniste, surgit de derrière un moucharabieh en se remontant la braguette.

– C'est trop bon, j'y retourne !

De retour au bar, j'allume une cigarette pour l'écraser aussitôt dans l'assiette de ma voisine. Alors que je me confonds en excuses, elle me pardonne d'un sourire. Elle a l'air douce, plutôt jolie. À peine le temps d'entamer une conversation qu'une quinquagénaire replète et minuscule, la seule barrique de la soirée, me prend par la taille en bloquant mon bassin contre le sien.

– C'est vous, le pianiste ? J'adore les pianistes !

– Je ne peux pas, je travaille, je n'ai pas le droit, le patron nous a interdit, pas l'orchestre, impossible, pas le droit...

Je me réfugie dans les toilettes aux murs recouverts de miroirs et me regarde pisser à l'infini. J'ai le vertige. Je reviens m'asseoir au bord de la piste de danse. Notre tromboniste danse un rock déchaîné avec une fille qui fait voler sa robe. Elle n'a pas de culotte. Un cercle s'est formé autour d'eux, les gens frappent dans leurs mains, on se croirait dans un documentaire naïf des années cinquante sur les premiers danseurs de rock. Les yeux sont rivés sur l'entrejambe de la danseuse. La tension monte, scandée par les claquements de mains. Je médite sur ma difficulté à rentrer dans toute forme collective de transe. Enfant, je me faisais chier dans les mariages, et là, je suis en train de me faire chier dans une partouze. Impossible pour moi de danser avec les autres, on ne peut pas être des deux côtés du tambour. Il y a celui qui frappe la peau et celui qui danse. Alors que je suis absorbé dans mes problèmes avec Dionysos, Alain, le batteur, vient me réconforter.

– C'est Sodome et Gomorrhe, ici, putaing c'est pas possible ! Je te jure, j'ai voulu me tirer de là et puis j'ai craqué, je vaux pas mieux que les autres...

Le petit Marseillais râblé se confie...

– Putaing, le mec, un géant tu vois, il arrivait pas à bander, la gonzesse était couchée sur le dos, sur une table, jambes écartées, alors j'ai poussé le mec, et je l'ai prise, et pendant que j'étais en action, il me dit « quand même, c'est ma femme »... De trois têtes, il me dépassait, le géant.

– Alors ?

– Et alors je pouvais plus sortir, je lui ai fait un sourire gêné, et quand j'ai joui je me suis vite cassé. Sodome et Gomorrhe, je te dis. Paris, c'est Sodome et Gomorrhe.

Je me lève pour prendre l'air. Dans un salon plus tranquille, la mine docte et sévère, un pianiste argentin, coiffure XIXe siècle, moustaches à la Flaubert, chemise à jabot, exécute sur un Steinway de concert des chopinades sucrées pendant qu'une impétrante le pompe consciencieusement.

Je change de salon. Pas facile de trouver sa place dans le monde du spectacle.

XVIII

Philippe Plaisance

Le lendemain, je laisse les musiciens rentrer à Lyon et décide de rester quelques jours à Paris. Il me faut digérer cette drôle de sonatine. Une mécanique de mouvements contraires s'est emballée ces derniers jours, un démiurge farceur m'a agité le fanion de la victoire tout près du nez avant de me lâcher un gros pet dans les narines et de me laisser asphyxié sur le bord de la route. Je vais me réfugier dans le grenier d'un magasin de fleurs, rue Saint-Honoré, chez mon ami Philippe, guitariste virtuose et jeune maître free style des mystères d'Éleusis...

Quand j'entre dans sa chambre, il est absorbé derrière un amas de partitions, de notes manuscrites et d'exemplaires du magazine *Union* pour lequel il écrit des témoignages.

– Ah ! tu tombes bien, me dit-il d'une voix calme. J'ai enfin fini par trouver.

– Tu as trouvé quoi ?

– Ce qu'on cherche depuis que l'Homme a posé sa main enduite de charbon sur la paroi d'une caverne.

Nous y sommes, pensé-je, comme chaque fois que je le retrouve.

D'une voix grave, douce, bien timbrée, il déroule :

– Au commencement était le Verbe. Le Verbe, c'est le Son. Donc au commencement était le Son. Celui qui maîtrise la musique maîtrise donc tout l'univers !

– ....!!!

Philippe n'a même pas le regard exalté de l'exégète de base qui vient de trouver une énième interprétation du premier verset de l'évangile de saint Jean. Il poursuit, imperturbable :

– À cause de Pythagore, on ne monte la gamme que par demi-tons ; au mieux, dans certains modes arabes, on descend au quart de ton. Or le plus petit intervalle sonore détectable par l'oreille humaine est le cinquante-deuxième de ton...

La grotte de la rue Saint-Honoré laisse filtrer par une demi-lucarne un rayon vert qui vient lécher les grimoires de Papus, les traités d'égyptologie et autres monogrammes rosicruciens qui tapissent les murs.

– ... la gamme absolue devrait séparer les notes en cinquante-deuxièmes de tons. Ce qui donnerait un piano dont les notes voisines joueraient sensiblement la même note, avec d'infinies variations. L'écart entre la note la plus basse et la plus haute, au lieu de sept octaves, ne serait que d'un ton et demi.

– ....???

– ... d'après mes calculs, il faudrait trente pianos préparés pour reconstituer l'ambitus d'un piano normal, et on est loin du compte si on veut reproduire toutes les fréquences que l'oreille humaine peut entendre : pas moins de cent quatre-vingt-douze pianos seraient nécessaires ! Tu les imagines, posés les uns à côté des autres, avec un pianiste assis sur un siège qu'il faudrait monter sur un travelling de cinéma ? Et je ne te parle pas de ce qu'il faudrait pour restituer les ultrasons perçus par des mammifères à l'ouïe bien plus performante que celle du chien ; par exemple, la grenouille chinoise, *amolops tormotus*, entend jusqu'à cent mille hertz !

– Et il faudrait combien de pianos pour jouer ce qu'entend une grenouille chinoise ?

Philippe sourit et reste suspendu une seconde.

– Neuf cent dix-neuf !

Soudain il bondit dans une alcôve, au fond de la pièce, sur un grand drap qu'il retire avec fierté :

– ... le piano absolu, le clavier de tous les claviers : l'Alpha Centauri !

Un immense clavier de plastique blanc flanqué d'un moniteur surmonté d'une pyramide en carton trône sur un autel.

– Avec lui j'arriverai à restituer la gamme absolue et, si tu veux, ensemble, nous ferons vibrer le monde, nous ferons ça pour Jeff.

Jeff Verchure était un claviériste de génie, un gaucher qui torturait les clavinettes fonky mieux que personne, avec qui on avait passé des nuits de jams dantesques dans les clubs de Saint-Jean. Hélas, lors d'une une saison fastueuse dans les Tobago Keys, un retour d'acide fatal l'avait scotché aux étoiles pour toujours. Entre deux séjours en hôpital psychiatrique, Philippe l'accueillait chez lui et, chaque fois, pour fêter son retour, on ouvrait les fenêtres sur la place Bellecour et on faisait vibrer Lyon avec un rituel de kung fu égyptien que nous avions inventé de toutes pièces. Une fois qu'on était bien chauds avec nos mantras fantaisistes, on disait :

– Faisons vibrer le monde, maintenant !

Et ça, Jeff, ça le réjouissait.

– Vous êtes trop gonflés, les gars, vous êtes trop gonflés ! Le monde ! Vous êtes trop gonflés !

Et il partait dans un rire d'enfant en se tordant ses mains de virtuose qui jouaient dans le vide, désormais.

Philippe continue sa démonstration.

– Bien sûr, il me reste des détails techniques, dont un, et pas le moindre, est ma méconnaissance de l'araméen, nécessaire pour accéder à certains codes du Pentateuque. Une année à la Sorbonne devrait suffire. Inscrivons-nous tous les deux, si tu le veux. En attendant, allons au Yakitori, je meurs de faim.

Nous dévalons les escaliers et sortons par le magasin. Philippe ouvre le tiroir-caisse, sa grand-mère oublie toujours à dessein un ou deux billets. Les fleurs, qui ont entamé leur cycle nocturne, exhalent un gaz lourd et capiteux que je tiens en partie pour responsable des divagations ésotériques de mon pote. N'empêche, il est balèse. À la guitare, c'était un des premiers à sonner comme Larry Carlton. À Lyon en tout cas. Un des premiers à jouer un son compressé californien extrêmement chic tel qu'on l'entendait derrière Michael Franks ou Steely Dan. Il passait ses nuits au Royal Bar, en bas des pentes de la Croix-Rousse, à régaler un public de musiciens et de grossistes en tissu, fans de Soul West Coast.

Quand il fut fatigué de ce public facile, il décida de monter à Paris. Aussitôt, sa grand-mère mit en vente son magasin d'antiquités de la rue Auguste-Comte, pour acheter un magasin de fleurs rue Saint-Honoré, à deux pas de la place Vendôme. Un vaste studio au-dessus du magasin ferait l'affaire, question logement. Notre dandy expérimental s'est ainsi retrouvé au cœur de la Ville Lumière sans se donner plus de mal que ça, alors qu'il fallait des années de torture mentale au musicien de province de base pour prendre seulement la décision de *monter* à la capitale. Et une fois le pas franchi, le musicien de base devait supporter des années de vache enragée, jusqu'au jour où les rêves de carrière s'effaçaient devant le réel qui, au mieux, comptabilisait quelques séances de studio derrière Rika Zaraï et, au pire, des heures de tapin le samedi matin place Pigalle devant des chefs de bal qui recrutaient à la volée des musiciens pour des cachetons foireux en province. Le coup de grâce arrivait en général un jour dans la boîte aux lettres : « Avis de radiation des intermittents du spectacle en raison d'un nombre insuffisant de cachets ». Épuisé et vaincu, le valeureux soliste jetait l'éponge et rentrait au camp de base, dans sa province natale, sans avoir atteint le sommet immaculé, sous les sourires des camarades confortés dans leur lâcheté d'être restés au bercail. En même temps que ses illusions, il avait perdu la pratique de son instrument vu l'impossibilité de répéter dans Paris. Notre héros balzacien se résignait alors à devenir prof de musique. Il enseignerait désormais à de jeunes élèves qui auraient des étoiles plein les yeux en écoutant les centaines d'anecdotes qu'il leur raconterait sur ce formidable métier qu'il avait été si près d'exercer.

Pour Philippe, c'était beaucoup plus simple : le réel, sa grand-mère s'en chargeait, avec toute l'énergie qu'il fallait à cette mamy hyper-active pour entretenir une fille dépressive et un petit-fils surdoué. Cet enfant à la beauté dérangeante et au talent facile ne serait pas blessé par la vulgarité de la vie ; elle avait d'autres desseins pour lui. Sa récompense, quand Philippe le lui permettait, c'était de monter dans sa grotte magique pour se faire expliquer le dernier projet délirant de son génie de petit-fils. Il était sa seule joie sur Terre, mon ami Philippe...

Après le Yakitori, ce soir-là, nous sommes allés à l'Action Christine où l'on jouait *L'Empire des sens*. Notre scène préférée fut celle où le vieux fou danse au son du koto en faisant l'oiseau. On avait reconnu la trogne ébahie de Jeff Verchure quand nous faisions vibrer Lyon.

Tard le soir, Cortoz, un pote de Philippe, nous rejoignit dans la caverne ; il nous raconta sa dernière expédition en Égypte : mandaté par une vague sous-commission attachée au ministère de la Francophonie, il s'était fait ouvrir les vitrines des instruments de musique du musée du Caire. Il avait enregistré à l'aide d'un musicien cairote qui en pleurait de joie la trompette de Toutankhamon, l'arghoul, un assemblage de flûtes donnant un son d'orgue, le sistre de Hathor à double tête dont les anneaux s'entrechoquent, des claquoirs en bois, en ivoire, en métal, des luths et des crécelles en jonc tressé, des clochettes de bronze, des colliers musicaux de perles, des tambours, tambourins, la harpe à sept cordes, celle du harpiste aveugle des bas-reliefs des tombeaux qui exhortait ses auditeurs à jouir de la vie puisque la mort est inéluctable, la grande lyre à dix-huit cordes et la clarinette double. Avec le son des pharaons plus le système tonal des cinquante-deuxièmes de tons, nous pouvions attaquer la conquête de l'univers et séduire toutes les gonzesses qui le peuplaient.

Nos études porteraient désormais sur ce que le monde produisait de meilleur. Il était temps, l'âge du Verseau approchant à grands pas, de relier les techno-sciences modernes au fonds commun de sagesse antique porté par les sociétés secrètes qui avaient traversé l'humanité de manière clandestine. Une confrérie attirait particulièrement notre attention, celle des chevaliers Rose-Croix qui se mettaient en sommeil pendant cent neuf ans pour s'activer à nouveau pendant cent neuf autres années. Des pyramides en carton parsemaient la chambre de Philippe. Elles provenaient d'un obscur traité sur l'énergie des formes écrit au début du siècle par un Russe qui avait remarqué qu'un objet placé aux deux tiers de la hauteur d'une pyramide était bombardé d'une énergie revitalisante. Ainsi une carcasse de viande échappait à la putréfaction, un objet en métal à la rouille, un corps embaumé pouvait durer des milliers d'années. Des Américains farfelus, pour se stimuler le cerveau, s'en faisaient des couvre-chefs. Philippe en confectionna une dizaine qu'il plaça sur son ordinateur, sa guitare, ses écrits, ses partitions. Pour finir, il prit l'habitude de s'endormir avec une pyramide en carton sur le sexe.

XIX

Tahiti, Gauguin et Michael Franks

– Vous avez vos tickets repas ?

Goguenard, l'élégant G.O. tout de blanc vêtu marque un temps, puis nous accompagne d'une claque dans le dos jusqu'à l'entrée du restaurant. À l'intérieur, Philippe ne se démonte pas.

– *Mahi mahi*, me montre-t-il du doigt, poisson cru mariné dans du citron vert et carottes râpées. Tant qu'on y est, autant se refaire une santé.

Je l'imite à regret, en lorgnant sur le buffet qui croule sous une avalanche de cochons de lait, de jambons braisés, de lasagnes, de coquillages et autres fruits de mer. Nous sommes au temps de la splendeur des Trigano, le temps où les sociologues écrivaient que la civilisation sumérienne avait tout inventé sauf la Sécurité sociale et le Club Med.

Nous prenons place à une table miraculeusement vide au bord du lagon. À peine sommes-nous assis que le clapot tranquille du Pacifique vole en éclats sous les coups de tambour d'un tamouré frénétique ; des Tahitiens en pagne se sont installés sous le cocotier sacré de la plage, juste derrière nous. La tête fracassée par les roulements de plus en plus véhéments de nos confrères du Pacifique Sud, nous mangeons, stoïques. Nous ne bougerons pas, nous ne leur ferons pas cet affront, au nom de la solidarité des musiciens de cocktail, ceux qui savent ce que c'est que de performer dans l'indifférence générale, les bruits de fourchettes et les suppliques polies enjoignant de jouer moins fort.

Il avait fallu rien de moins qu'une tournée dans l'océan Pacifique pour le sortir de sa tanière, le Philippe. Un chanteur sur le déclin nous avait convoqués, et vu l'itinéraire on avait accepté. J'avais laissé Claire à Lyon, où elle pouponnait notre fille Julie.

Notre vedette avait enchaîné tous les clichés : trois tubes, sept Rolls, les impôts qui lui tombent dessus quand ça ne marche plus et qu'il a tout dépensé, dégringolade de l'Olympia au Macumba de Saint-Julien-en-Genevois...

Et nous voilà partis pour faire la tournée des artistes en fin de carrière dans les colonies de fin d'Empire : Canada, Afrique, Polynésie. On a fini avec un mois à Mooréa au Club Med. Notre chanteur était arrivé, gonflé :

– Salut, je m'installe avec mes deux musiciens et, en échange, je vous fais un concert par semaine.

Pollack, le chef de village, fan de jazz, ami des légendes vivantes du be-bop, avait accepté, amusé. Pendant une semaine, on a un peu rasé les murs, essuyant les vannes des G.O. :

– Vous avez vos tickets repas ?

Ce soir, dans le petit amphi en plein air ouvert sur la baie de Cook, tout va rentrer dans l'ordre...

Le public – une majorité d'Américains – ne comprend pas un traître mot mais semble apprécier les accents folk et la voix bien timbrée de notre chanteur, le son West Coast de Philippe et mon toucher de Bill Evans du Sud. Le lendemain, plus de quolibets au resto. Ça vous pose un homme, la pratique d'un instrument. Avec ça, on se fait respecter ; après un concert, on peut lire la même lueur d'admiration dans les yeux d'une ado prépubère que dans ceux d'un ministre, et la même pointe de regret aussi :

– Enfant, j'ai commencé le piano, et puis j'ai arrêté à cause du solfège. Si j'avais su...

On est les stars du village, désormais. Les G.O. nous prennent en mains. Quand ils ont fini avec les touristes, ils nous sortent en ski nautique sur les plus beaux spots du lagon. L'eau est si claire que l'on voit défiler sous nos pieds les coraux polychromes et les poissons psychédéliques.

Tant qu'à faire, et puisqu'on est là, on se met aussi à la plongée sous-marine, et c'est en voilier, au large de Tetiaroa, l'île de Brando, qu'on embarque pour notre baptême. J'ai le sentiment que ce genre de cachetons ne se représentera pas de sitôt.

Départ à six heures du mat. En passant devant le bungalow du chanteur, on entend que celui-ci a visiblement autre chose à faire qu'à visiter les grottes coralliennes et on n'insiste pas.

Et nous voilà toutes voiles dehors à louvoyer entre des atolls peints sous ecsta avec une bande de sportifs improbables qui ont tous stoppé leur carrière pour diverses raisons et se retrouvent aujourd'hui en amuseurs désillusionnés dans un décor aussi paradisiaque que morts sont leurs rêves.

Dans une cabine, je tombe sur un furieux en train de peloter une grosse Néo-Zélandaise qui s'était allongée pour cause de mal de mer et qui a maintenant l'air de se faire administrer un remède plus coriace que la Nautamine.

Le chef de plongée, un jeune Viking boiteux, nous fait le brief sur le pont du voilier. Il s'est pris une bulle d'azote dans la colonne vertébrale et a échappé de peu à la tétraplégie.

Bref rappel des gestes qui sauvent : le pouce levé, tout va bien ; la main sur le cul de la bouteille, je suis sur ma réserve d'oxygène ; la main passée sur la gorge, je suis à court d'air...

On appuie sur le décompresseur pour tester une dernière fois la pression et c'est la chute en arrière, main sur le masque. Splaouuuuchhhh.... À travers les bulles qui se dissipent, je me laisse couler dans un bain de lumière. J'ai le vertige et l'impression de faire du parachute.

On se pose sur un plateau de sable blanc au bord d'un gouffre sans fond. Bref échange de signes et nous voilà palmant tranquillement sur la ligne de faille à contresens d'une parade de poissons rococo. Les petits sont en gigotements frénétiques, les plus gros nous toisent dans une bienveillante indifférence. Soudain le ciel s'obscurcit au-dessus de nous. Je lève la tête : une vingtaine de raies mantas, corps longiligne, filiforme, déployant de majestueuses ailes, nous offrent une chorégraphie balinaise de soies noires. Devant nous, au loin, un gros mastard vient à notre rencontre. Les autres poissons se dandinent et se tortillent, celui-ci se meut dans une somptueuse économie de mouvements, telle une torpille propulsée au ralenti. Mon premier requin ! Il est bleu, plutôt cool. Le lagon étant poissonneux, les squales ne sont pas agressifs, sauf si on pêche et qu'on a des proies sanguinolentes accrochées à sa ceinture. Mon requin croise à deux mètres, nous ignorant superbement, suivi par un deuxième, un troisième... Le quatrième s'arrête net et entame un grand cercle autour de nous. Là je m'agrippe au chef de plongée. Le requin étant miro, je me dis qu'il va nous prendre pour un gros poisson et sera impressionné. On se retourne : Philippe, le dernier de notre team, a disparu !

On regarde en l'air : il remonte en palmant comme un fou. Le chef viking furax lui fait signe à grands gestes de redescendre, il risque un accident de décompression bien plus dangereux qu'une improbable attaque. Mon pote reste suspendu prudemment pendant que notre visiteur va flâner ailleurs. Pfuiiii...

Au retour, on apprend en direct sur la radio du bateau que l'équipe de France de Platini vient de perdre la demi-finale du Mondial de Séville contre l'Allemagne alors qu'on l'avait laissée gagnante juste avant de plonger.

En mangeant des fruits, on commente tour à tour les raies, les requins et l'agression sur Battiston. Le G.O. furieux du cul retourne s'enfermer avec sa touriste néo-zélandaise et cap sur Mooréa.

Au bout de quelque temps de ce régime, je repense à la prophétie de mon père – « Tu finiras en jouant pour un sandwich » – et soudain le lagon, le tamouré et les paréos se transforment en gros hot-dog pour saltimbanque. Je comprends que je n'ai pas le temps de flâner sur le chemin de la musique. Ma voie est aride, laborieuse. Point de salut hors la sueur... Les gammes, les exercices, l'ascèse que demande la pratique totale d'un instrument, le voilà, mon quotidien. Je ne suis pas doué pour le sport préféré du zicos de base : l'emballage existentiel de la groupie de service.

La tactique des filles est toujours la même : d'abord elles s'incrustent, n'ayant d'yeux que pour le chanteur. Même sur le déclin, un chanteur, ça reste une valeur sûre, juste devant l'homme politique et le présentateur télé. Puis, quand le chanteur a choisi l'élue de sa nuit, les autres se rabattent sur les musiciens, ça peut aller jusqu'au roadie. Trop fier pour faire figure de second choix, j'élude élégamment les plus gentilles propositions. Philippe, plus pragmatique, opère sa sélection pendant des heures, à la faveur de longues conversations arrosées au gin tonic sur des musiques de Michael Franks.

Je décide de rentrer.

Le matin de mon départ, j'ouvre l'œil à sept heures... Meeerde, ils ne m'ont pas réveillé ! La navette pour l'aéroport était prévue une heure plus tôt. Panique. Je cavale avec mes bagages dans le village désert.

Un employé encore endormi sur son balai me conseille vaguement de me rendre dans les cases du personnel pour réveiller un chauffeur. Je me retrouve dans une zone inconnue cachée derrière un rideau de bambou. Des baraquements en béton dans lesquels sont entassées des familles entières, dormant sur des matelas à même le sol.

Je réveille un gars au hasard et lui demande si quelqu'un peut m'emmener à l'aéroport. Il donne un coup de coude à son voisin qui émerge en grognant. Pendant que mon chauffeur se passe l'eau froide d'un mauvais robinet sur le visage, je regarde ma montre en calculant que je peux encore attraper l'avion de huit heures. On monte dans son pick-up délabré d'où il expulse deux dormeurs hébétés qui regardent partir leur chambre à coucher. Sur les cahots de la mauvaise piste je me dis que je ne pouvais pas partir de ce paradis sans avoir vu l'envers du décor, l'underworld tahitien ; ma conscience de classe ne me l'aurait pas pardonné.

On arrive enfin à l'aéroport, juste à temps pour que je m'aperçoive que j'ai perdu mon billet d'avion. Sur la route du retour, mon chauffeur, déjà plus réveillé, m'explique que l'île ne veut pas que je parte et que quand on y revient trois fois, on ne la quitte plus jamais. Hier, j'ai fait une grimace à un tiki, un totem maori. Philippe m'a prévenu : je l'avais offensé, il pourrait se venger. Voilà, c'est chose faite ! On est juste à l'endroit de la planète le plus éloigné de chez moi, il ne peut pas y avoir de billet plus cher au monde et je dois racheter mon retour. On finit toujours par payer.

XX

Le Novapark

1983. L'expérience socialiste s'achève en France et Mitterrand (re)découvre la real-politique. On attaque sans complexe les années fric. Quant à moi, je me lance à l'assaut de la capitale. Cette fois, c'est décidé, je quitte ma grosse bourgade natale que je n'ai jamais aimée, au fond. Le Lyonnais, bourgeois pisse-froid, toujours sur sa réserve ; les cercles d'amitiés claniques hérités des vieilles familles de soyeux ; le brouillard continuel d'autrefois qui avait donné à cette grasse ville son climat d'intrigue, de secrets de famille, de cadavres dans les alcôves. S'il avait disparu lors de l'assainissement des marais dans le lac du parc de la Tête-d'Or, il existait toujours dans les têtes, dans la mienne en tout cas, chaque fois que je revenais d'une tournée... J'avais besoin aujourd'hui de l'énergie cosmopolite des capitales déjantées où tous les déracinés de la planète se retrouvent, écrivent leurs vies et leurs musiques en trempant leur plume dans leur sang mêlé.

À Paris, je monte un trio jazz et décroche un engagement de trois mois dans un palace de la rue François-Ier à trente mille balles la suite avec piscine dans la chambre...

On est en smoking et on joue une musique d'esclaves née dans les champs de coton devant un public de Saoudiens et de banquiers luxembourgeois.

Répertoire ? Carte blanche.

Et me voilà en train d'inscrire Monk ou Corea au programme d'un bar select plus habitué à du Jobim à l'aspartam ou à du Sinatra zéro pour cent...

Le bouche à oreille entre musiciens fonctionne et, petit à petit, de vrais jazzmen déjantés arrivent pour faire des bœufs de plus en plus énervés devant les Saoudiens médusés.

Des trompettistes, des guitaristes, des saxos venant d'autres clubs passent finir la soirée avec nous. La directrice artistique n'ose rien dire parce qu'elle est en train de se payer gratos un mini festival de jazz avec des joutes presque aussi furieuses que les jams du Minton's.

C'est une véritable entreprise de subversion de musique de paquebot, un détournement de codes, du situationnisme de haute couture.

Hélas, dure loi de l'intermittence dans toute sa cruauté : à la fin des trois mois du contrat, pas d'autre engagement en vue.

Le problème, c'est que je ne suis plus en province mais à Paris où le loyer coûte la peau du cul, que Claire est peintre sans expos – autant dire qu'elle ne peut pas être mon sponsor –, qu'on a une petite fille de trois ans et qu'au bout de six mois de non-emploi je dois envisager le retour au camp de base sans passer par la case départ. IL FAUT RENTRER À LYON !

Pendant que Montmartre disparaît dans le rétro de ma Lada Break, et tandis que Claire pleure, je me jure qu'un jour je reprendrai cette ville, avec un Panzer s'il le faut.

XXI

Retour à Lyon

En attendant, c'est dans une HLM de la Duchère que nous nous retrouvons. Un ensemble harmonieux de barres en béton pur sixties construit sur une colline au nord de Lyon pour les pieds-noirs de retour d'Algérie. Le vieil appart d'étudiants du joli quartier des Terreaux, celui de toutes nos fêtes, me manque terriblement. J'ai le sentiment d'atterrir plus bas que l'endroit d'où je suis parti...

Tel Hercule terrassé reprenant ses forces au contact de la terre, je décide de me reconstruire. Le temps des cachetons est fini. Il faut que je retourne à la composition, que je reprenne Horn Stuff, le band flamboyant que j'avais délaissé. Redevenir au-to-nome, me remettre en phase avec des sons nouveaux...

Je squatte la cave d'un gars qui loue des sonos, j'y exhume un magnéto huit pistes qui n'a jamais servi. Entre les quatre murs recouverts de salpêtre, j'enregistre avec rage des titres et des titres avec tout ce qui passe dans le coin, du rocker lyonnais rescapé de la mouvance Starshooter qui se pense maintenant en Fréhel postmoderne à la cagole de banlieue...

Je découvre les vanités naïves du laboratoire et l'ivresse du démiurge qui croit pouvoir tout faire avec la technologie : la programmation rythmique, les basses, les violons, les guitares, des orchestrations entières avec un DX7 Yamaha. C'est le son des années quatre-vingt, celui qui ne vieillira pas bien.

De temps en temps, je remonte à Paris. Je fais tous les boulots que les mecs en place dédaignent, ne rechignant pas à faire des tests, des maquettes, contre-maquettes, sur-maquettes, spéculations en tous genres (tu l'as dans le spécu), et je finis par décrocher les arrangements d'un groupe de reggae martiniquais signé chez CBS, « Sixième Continent »...

Une semaine au château de Longueville. Le rêve.

Gégé, le taulier du studio, musicien itinérant, s'est fixé avec l'héritière du château, Régine, vingt ans de plus que lui. C'est lui qui a eu l'idée du studio résidentiel. On dort dans des piaules somptueuses, les cabines sont dans les anciennes écuries. Régine nous étouffe à coups de terrines de lièvre et de clafoutis de figues, Gégé nous cueille au sauvignon dès dix heures du matin et Kali, le chanteur rasta végétarien, roule des splifs de Sinsemilla plus gros que des rouleaux de printemps...

Basse infra qui roule et qui roule, pompe lancinante d'orgue Hammond B3, guitares hachées, riffs de cuivres sauvages, voix écorchée de Kali : « Papa Doc, Mama Doc, Reggae Dom Tom »... Mitch, l'ingé-son, rythme chaque prise d'un extatique « Bon espriiiiiiit... ».

Un jour que l'assistant, encore plus défoncé que d'habitude, revient du local des magnétos en annonçant que les deux kilomètres de bandes qu'on a enregistrées la veille sont juste dévidés en vrac dans le local, Mitch se fend d'un « Mauvais esprit... » qui en dit plus long sur l'acceptation de l'inacceptable que toutes les conférences d'un quelconque lama tibétain.

J'aime assez cet understatement de cow-boy...

Troisième partie

Liane

XXII

« Moi, m'sieur, j'en connais une, de chanteuse... »

Quand je rentre à Lyon, encore défoncé des splifs de Kali, du blanc de Gégé et des clafoutis de Régine, j'assure un rendez-vous avec le directeur d'une nouvelle radio « libre » qui me parle de musique génératrice d'actes d'achats, de nouveaux segments, de marchés dormants, enfin du nouvel Eldorado audiovisuel qui va naître entre Rhône et Saône...

– On va te présenter un jeune rédacteur qui vient de la pub, si tu t'entends bien avec lui, vous ferez équipe, toi à la musique, lui aux textes.

Philippe Viennet, concepteur à l'esprit agile et aux jeux de mots tordus spécial pub, amoureux des vocables qui s'emboîtent, des rimes qui se font la nique, des sens qui s'entrechoquent, a l'air contrarié qu'on lui ait mis un musicien dans les pattes. Il taquine le clavier aussi, mais après que j'ai posé deux doigts sur le piano il s'incline, et c'est parti pour une vraie complicité de pros, chacun dans son domaine.

On investit un appart transformé en studio, les commerciaux nous briefent sur les « plus-produits » de leurs clients, j'ai tout le temps envie de me marrer et c'est dans un fou rire permanent qu'on se livre à un véritable abattage sonore. Je deviens compositeur de musiques de trente secondes, avec intro, temps fort et chute. Maximum d'évocation, minimum de notes. L'exercice stylistique devient un challenge quotidien.

C'est pas des spots qu'on leur fait, aux boucheries de Vaise ou à Mikaël, le dégriffé de Villeurbanne, c'est des vraies chansons kitsch de comédies musicales des sixties !

Je me suis refait une santé, la confiance revient ; finalement, ma petite famille vit de ma musique, et moi, je fais mes classes de compositeur tout terrain : du symphonique pompier pour l'ouverture d'un centre commercial aux bossas langoureuses célébrant des sous-vêtements féminins.

Fier comme un nouveau riche, un matin, je franchis la porte du plus gros magasin de claviers de Lyon. Il vient d'arriver, il trône dans la vitrine : le Prophet 5. Le synthétiseur polyphonique le plus puissant de la planète ; avec lui, j'en ferais, des merveilles... Je ne peux pas encore me le payer mais je sens que c'est pour bientôt, alors je l'étudie, le suppute, l'interroge, écoute ce qu'il a dans le ventre, caresse ses curseurs rutilants aux filtres savants... Une voix me tire de ma rêverie :

– Salut André, comment ça va, Horn Stuff ?

Je me retourne : un musicien de magasin de musique, un de ceux qui passent leur temps à essayer le dernier matos sorti, connaissent par cœur les docs d'instruments qu'ils n'achèteront pas ainsi que les potins du métier qu'ils n'exerceront probablement jamais...

– Ben, je galère avec mes chanteuses...

Un grand dadais timide que je n'avais même pas remarqué sort de l'ombre, en levant son doigt :

– Moi, m'sieur, j'en connais une, de chanteuse, même deux, une blanche et une black, elles sont dans un orchestre de bal.

Là il m'intéresse, le grand timide à lunettes. Je note un nom et un prénom rétro sur la doc du Prophet 5, je rentre chez moi et je perds la doc aussitôt. Ça m'ennuie pendant cinq minutes. Et puis j'oublie...

Quelques semaines plus tard, dans le salon de la HLM de la Duchère, je cherche des sons sur mes claviers. En face de moi, Claire dessine des motifs de fleurs entrelacées qui finiront sur un papier peint italien pendant que Julie torture une Barbie et que Maya l'abeille, la voix gonflée à l'hélium, chante à tue-tête dans la télé. Scène d'un petit bonheur que je ne reconnaîtrai qu'une fois qu'il sera parti. En attendant je dois me taper la musique du générique des infos régionales de FR3 Grenoble et les sons de mon antique synthétiseur monophonique me fatiguent.

D'un vieux cahier de notes dans lequel j'espère puiser un semblant d'inspiration jaillit soudain la doc du Prophet 5. Les filtres, les oscillateurs, les pentes à 12 DB par octave explosent dans mes oreilles, je ferais de la musique pour les étoiles si j'avais une machine pareille... Tant pis, pas pour tout de suite. De rage je déchire la photo quand une inscription attire mon attention : Éliane Falliex, 78 39 11 18.

– Ah oui, la chanteuse...

Pour rire, je compose le numéro. Une voix grave au bout du fil.

Elle a quarante ans, ma parole !

– Bonjour, je cherche Éliane Falliex.

– C'est moi...

– Voilà, je m'appelle André Manoukian et j'ai un...

– Vous êtes André Manoukian d'Horn Stuff ?

– Euh...Oui... Vous connaissez ?

– Bien sûr, je passe vos disques dans une radio, la nuit...

– Vous avez quel âge ?

– Je viens d'avoir vingt-deux ans...

– On pourrait se rencontrer ?

Évidemment elle n'avait pas d'enregistrement de sa voix. Je lui ai demandé où je pouvais l'écouter, elle m'a répondu « le plus près, c'est dans un bal du côté de Nîmes » et je lui ai dit « bien sûr, j'irai vous écouter dimanche en quinze » et là on est dimanche en quinze...

XXIII

La Lada

Si elle démarre du premier coup, j'y vais...

La clé tourne lentement dans le Neumann tchékiste. Merde, elle démarre. Je n'en reviens pas. C'est bien la première fois.

Assis dans ma Lada break beige pisseux intérieur skaï rouge, je gamberge. Ce chef-d'œuvre technologique de l'industrie soviétique avait englouti toutes mes économies de jeune jazzman de gauche sans tenir aucune des promesses qu'un véhicule acheté neuf était censé tenir. Infoutu de changer une bougie, j'avais parié sur la robustesse transouralienne. Mauvais calcul. Le neuf soviet pas encore glasnost s'est révélé beaucoup plus obsolète que les vieilles Dodge des années cinquante qui roulent encore à Cuba, le glamour en moins. Donc, mon tank post-brejnévien ne démarrant qu'une fois sur cinq, je comptais bien mettre à profit cette probabilité maintes fois éprouvée dans la rage des petits matins de retour de cachetons en rase campagne de ferme associative pour ranger le destin de mon côté et m'éviter ainsi d'honorer la promesse faite à une inconnue d'aller l'entendre chanter dans un bal perdu de la garrigue nîmoise.

Mais elle démarre...

J'embraye en me maudissant : c'est quoi, mon problème ? Je vais faire cinq cents bornes pour écouter une fille, et si ça se trouve, elle chante comme un pied...

Je suis fatigué d'avance, fatigué d'auditionner devant mes musiciens rustiques des divas affolées que j'essaie de rassurer à grands coups de sourires idiots. Depuis Betty, on a essayé Sarah, puis Carole Rowley, puis Cathy Valdès, et là je vais écouter Éliane.

XXIV

Éliane, chanteuse de bal

En cette fin d'après-midi de printemps, sur cette place de village flanquée d'un kiosque à musique échappé d'une pub Procter, ça sent fort la fête votive, le pastis et la poussière. Le grand Tony Diams en personne, de l'orchestre « Tony Diams' et ses rythmes électroniques », deux fois Trompette d'or au Concours international des orchestres attractifs de Bagnouls-sur-Cèze, harangue la foule. Perruque de travers et gros accent du Sud-Ouest, il présente, magistral, ses chanteuses au répertoire sans frontières, Boni et Éliane. Les pauvrettes, sapées comme des putes, attendent dans un coin de la scène qu'il finisse son discours idiot. Sitôt fait, Boni, jolie métisse, attaque une suite de petits déhanchements lascifs ponctués de « ouh yeah » prometteurs sur les riffs fonky d'un guitariste peroxydé – Police, le groupe phare du moment, a envoyé tous les guitaristes et les bassistes de la planète prendre des shampoings d'eau oxygénée. En tout cas je ne regrette déjà plus le déplacement. Hélas, passé l'introduction et les onomatopées gospello-sexuelles d'usage, la promesse s'écroule, la ravissante Black sonne comme une Blanche.

Des dégâts de la langue de Molière sur la musique soul : le français fait à peine jouer trois muscles autour de la bouche là où Shakespeare fait vibrer le nez, la gorge, et tous les résonateurs de la tête. Dans un classement de musicalité des langues, la nôtre serait dans les bas-fonds, tout juste devant le japonais.

J'en suis là de mes méditations ethno-laryngo-vocales, quand arrive Éliane, fluette brunette, celle que j'ai eue au téléphone. Elle avance péniblement sur la scène, un pied dans le plâtre. Une chanteuse en béquilles, en justaucorps et résilles, ça augure une bonne pétée de rire. Tony Diams donne libre cours à son talent naturel de montreur d'ours ; il en fait des tonnes sur sa petite vedette qui s'est cassé le tibia sur scène en se prenant les pieds dans les fils du guitariste – clins d'œil appuyés à ce dernier. Éliane, gênée, rentre la tête dans les épaules ; l'orchestre attaque *Every Kind of People* : *Toop toop toop toop toop, tooloolooloop...*

Je me redresse lentement, dépliant mes oreilles. Une pure coulée de pouvoir en fusion sort de ce larynx de petite fille, une voix incroyablement grave et profonde, un flot impétueux roulant des rocs, emportant tout sur son passage, les musiciens, les femmes, les enfants, les chiens, le kiosque à musique, la place du village, les vignes autour du village, ma Lada break et moi avec. La voix de la demoiselle bombardée à travers le Sound System de campagne me fait pousser les cheveux, les poils, les ongles... Je l'ai enfin trouvée ! Deux ans à galérer, et elle est là, dans ce village perdu du fin fond de la garrigue, avec des cordes vocales en airain forgé par Vulcain en personne.

Pendant la pause, je me glisse dans les coulisses, en cachette. Sourire complice, encouragement discret :

– On se revoit très vite, c'était super...

Et je m'éclipse, léger comme un demi-soupir pointé.

XXV

Liane, chanteuse de jazz

– Éliane, c'est un peu vieillot comme prénom...

Installés dans un pub de la rue Royale, Marcel, Pierre, Éliane et moi bavardons devant des musiciens qui jouent des bossas d'ascenseur. Marcel Marchand, le directeur artistique le plus funky de Paris, avec qui j'ai fait Sixième Continent, ne veut plus travailler qu'avec moi, au motif que je suis le seul à pouvoir traduire ses idées en musique. Il faut voir la tête des choristes paniquées quand il émet un couinement de chat en guise de proposition mélodique, des guitaristes quand il déchire l'espace de ses bras puissants de tennisman reconverti ou qu'il simule un break à la mesure incertaine à un batteur sous le prétexte qu'il en a vendu, des batteries, à tous les pros de Paris du temps qu'il bossait chez Clémentine, à Pigalle. Ladite Clémentine l'avait embauché comme coursier avant qu'il soit promu responsable des ventes par la seule grâce de son bagou de titi parisien et d'amant le plus drôle de la Terre, et avait fini par le virer un soir de novembre, de retour d'une soirée, après avoir mis le chauffage dans sa voiture et avoir vu se dessiner lentement, dans la buée du pare-brise, sous les yeux médusés de Marcel, une paire de pieds nus.

Je n'ai jamais vu un mec emballer des gonzesses avec une telle rapidité...

Un jour, je venais à peine de le chercher à la gare de Perrache quand, sur le chemin du studio, Marcel hurla « arrête-toi ! ». Je pilai en panique.

– Gare-toi vite, elle est trop belle.

Il descendit. Je levai les yeux au ciel. Il avait repéré une fille à la terrasse d'un bistro. À peine le temps de me garer en le maudissant qu'il était déjà à bouche-que-veux-tu avec une jolie Brésilienne en vacances. Je restai idiot, à contempler ce mystère absolu, Marcel dans toute sa splendeur, avec sa capacité de happer le reste du monde dans son tourbillon léger, faisant sauter les blocages conventionnels qui nous pourrissent l'existence pour l'éternité ; toute une vie de philosophe ne suffirait pas pour atteindre cette grâce augustinienne. Hébété par le spectacle, je pensais à Nietzsche qui n'avait pas su se déclarer à Lou Salomé et qui mourut puceau d'une syphilis. Marcel Marchand, plus fort que Zarathoustra, devint à l'instant mon maître absolu. Il se retourna, se fendit d'un sourire, me présenta, apprit le prénom de Regina en même temps que moi. Nous emmenâmes celle-ci au studio où ils s'enfermèrent direct dans une cabine pendant que Pierre, jeune auteur-compositeur-interprète du Languedoc (en ce temps-là, Cabrel tenait le haut du pavé et tous les chanteurs folk à l'accent méridional étaient systématiquement signés) chantait une déchirante chanson d'amour où il n'« imaginéé mêmeu pas qu'elle aime un autre que moi, aaahhh, aaaaaahh ». De l'autre côté de la cabine, d'autres « aaah aaaaaah » nous parvenaient et, une demi-heure plus tard, Marcel et sa conquête déboulaient en nage. Marchand alluma une cigarette, écouta doctement le titre, se fendit d'un ou deux commentaires techniques, « plus d'écho dans la réverbe », ce qui ne voulait rien dire ; j'acquiesçai, faisant mine de découvrir un problème que je n'avais pas remarqué, le remerciai pour sa sagacité et pendant qu'il retournait s'enfermer avec Regina, je fis semblant d'apporter les modifications nécessaires tout en rassurant Pierre, stressé par ce directeur artistique venu de Paris, à l'avis si tranché ; je lui expliquai qu'avec un mec comme Marcel, sa carrière était dans les meilleures mains qui soient. Nous profitâmes du deuxième assaut pour enregistrer les chœurs d'Éliane. Pierre craqua totalement en entendant sa voix, et transforma le titre en duo. Cette fois, ça commençait réellement à ressembler à quelque chose et nous avions tous la banane quand Marcel se repointa et, en guise de commentaire, se contenta d'un « j'ai faim » que nous prîmes tous pour le plus beau compliment qui fût et, joyeusement, nous nous dirigeâmes vers un pub voisin.

Éliane avait laissé tomber les bals et elle était devenue la voix du studio ; elle faisait les leads, les chœurs, les annonces, déguisait sa voix, était capable de jouer plusieurs rôles à la fois dans le même spot publicitaire, et nous régalait tous les jours, ainsi que les clients du studio dont le nombre grossissait progressivement. Nous tombions quotidiennement une dizaine de jingles ; parfois le coursier arrivait alors que je n'avais même pas commencé ; le temps de lui proposer un café, je me mettais aux claviers, enregistrais le play-back pendant que Philou – Philippe Viennet – écrivait le texte. Éliane, dans la cabine, envoyait le speak, le chant final, la voix off qui donnait les adresses, un coup de mixage et avant que le coursier demande s'il devait prévenir pour le retard, le bobineau était entre ses mains.

*
* *

Ce soir, tout le monde est sur un nuage. J'envisage sérieusement de produire Éliane en solo. Mes potes d'Horn Stuff sont rassasiés de mes aventures vocales qui se terminent toujours en eau de boudin ; Pierre se radicalise et veut revenir à un jazz pur et dur ; moi, je me laisse guider par la voix des sirènes en me promettant cette fois de bien rester attaché à mon mât afin de parvenir à destination. Dès que nous sommes arrivés au pub, Marcel m'a pris à part.

– Dis donc, elle est mignonne, ta chanteuse. Et surtout elle chante mortel, tu recommences pas tes conneries, sérieux, hein ? Prends du recul, mon pote, prends du recul, tu peux aller loin avec celle-là.

Et il se retourne pour peloter furieusement Regina qui ne comprend pas un traître mot, mais semble ravie d'être là, au cœur de l'action, à un de ces carrefours importants où le destin hésite entre deux chemins.

On s'attable en évoquant nos projets, les chansons, le talent qui ne suffit pas toujours. Oui, il faut aussi le look, et puis la bonne attitude. Et justement, Pierre pense que...

– Éliane, c'est un peu vieillot comme prénom...

On est tous d'accord. Je pense à Liane de Pougy, la grande courtisane parisienne de la fin du XIXe. Personne ne connaît mais le prénom sonne bien, tout le monde a l'air emballé, y compris la principale intéressée.

Nom de famille, plus délicat. Falliex, c'est alsacien, imprononçable, dur, ça claque. On le raccourcit, on fait tourner, Falli, Folli, Folie, avec un *y*, Foly ? Ça ferait Liane Foly... Ça sonne pas mal, Liane Foly, non ?

– Moi ça me plaît, dit Liane.

On lève nos verres, à la réussite de Pierre Madon et de Liane Foly. Les yeux brillent, la grande porte est là, pas loin, devant nous, les deux chanteurs la pressentent, s'y voient. Il n'y a pas de raison, avec le talent qu'ils ont. La voix de Pierre, bien timbrée, ses textes de qualité, son look de jeune trappeur canadien en feraient un digne successeur de Cabrel. Les dieux en décideront pourtant autrement, mais ce soir, nous ne savons pas encore que c'est la jeune choriste qui passera la porte, seule.

Elle me prend à part :

– Avant que tu partes, j'aimerais te dire un mot.

Six mois qu'on bosse ensemble, maintenant. Tout le monde est sous le charme : sa voix, son peps, son culot. Elle en a tellement fait, des cachetons pourris, elle en tellement partagé, des vraies galères, qu'elle est définitivement taillée pour aborder ce métier de fou. Elle a réalisé des progrès incroyables, à force d'enregistrer tous les jours ; elle peut sonner comme un gospel à elle toute seule par la grâce du magnétophone multi-pistes. Elle est belle avec son regard effronté qui ne baisse jamais les yeux. Il y a quelques jours, Philippe Plaisance, de passage à Lyon, est venu visiter notre installation.

– Elle a des seins superbes, m'a-t-il confié alors...

– J'aimerais te dire un mot...

Liane m'entraîne loin des autres, dans l'entrée du club.

– Tu veux me dire quoi ?

Elle ne répond rien et se tortille, un peu embarrassée, comme une écolière qui ne sait pas par quel bout commencer.

Elle est trop jolie, j'éclate de rire.

– Écoute, je t'adore, mais ça serait une mauvaise idée qu'on sorte ensemble, tu le sais bien, non ?

Je lui raconte l'histoire de Betty ; ça la vexe un peu que je la compare à une autre chanteuse.

– J'ai fait la connerie une fois et je ne voudrais pas que ça recommence. Tu chantes trop bien et j'ai trop galéré avant de te trouver. Tu comprends ?

Elle fait oui de la tête, avec un petit air très courageux... C'est décidément trop mignon. Je prends son visage entre mes mains et veux déposer sur sa bouche un petit baiser pour sceller ce pacte d'amitié non sexuelle que nous venons de prononcer. Sa bouche est d'une douceur insoupçonnable. Je ne peux plus décoller mes lèvres des siennes et le petit baiser d'amitié se transforme en une longue étreinte. J'entends juste un « Chic, il a craqué... » et déjà je ne m'appartiens plus ; ça vient de loin, de très loin, mes bras s'enfouissent dessous son pull, caressant son dos nu de mes paumes écartées, épousant chaque centimètre carré de sa peau de satin. Et nous voilà nous embrassant éperdument dans un local dérobé de l'entrée du club, oubliant Marcel, Pierre et toutes mes résolutions d'Ulysse postmoderne qui vient de replonger dans les bras d'une sirène.

Je soulève son pull, elle plante son regard droit dans mes yeux. Je reprends sa bouche, glisse mes lèvres dans son cou en caressant doucement ses globes fermes et lourds. Elle gémit. Le son est sublime, le grave est voilé, les harmoniques scintillent ; le voilà, le chant absolu, le voilà, l'objet de ma quête. Aucun Mozart ne pourra jamais écrire une aussi belle mélodie que celle d'une jeune femme qui s'abandonne.

*
* *

Claire a fini par me virer. Mes parents, désespérés, me convoquent à la table familiale. Me voilà sommé de m'expliquer, annonçant cette fois-ci que j'abandonne non pas mes études de médecine mais une femme et une petite fille de trois ans. Ça ne se fait pas, chez les Arméniens, ces choses-là ! La famille, c'est sacré. Heureusement que mon grand-père n'est plus là pour voir ça ! Bon, je suis de nature pédagogue, j'explique : la rencontre exceptionnelle, la chance après toutes ces tentatives qui ont échoué si près du but, la voix, le talent, la détermination de celle qui va enfin abattre les montagnes à mes côtés ; eux-mêmes, ils ont travaillé ensemble toute leur vie au magasin, s'épaulant, partageant et surmontant les mêmes obstacles.

– Laissez-moi aller au bout de cette histoire, cette fois c'est la bonne.

Ma mère comprend juste une chose : je me suis marié trop jeune – mon père, lui, avait trente-cinq ans –, à peine à l'âge de raison pour un homme. Je suis déterminé, ils le sentent et acceptent une fois de plus ma décision, la mort dans l'âme.

Je laisse l'appartement. Je me retrouve à vivre pleinement la prophétie du saltimbanque, et ma fois, ça ne me déplaît pas d'être en roue libre... Les finances du studio, si elles ne nous permettent pas d'acheter un Prophet 5, sont suffisantes pour un canapé convertible Conforama et un frigo de bar, investissements indispensables pour assurer le confort de nos clients. Philou acquiesce, sympa mais pas dupe. Nous voilà deux passagers clandestins dans le studio qui devient un bateau que nous ne quittons plus. Le jour, nous y abattons le travail de commande ; la nuit, nous y faisons nos chansons et l'amour. Le matin, Philou, hilare, passe la tête pour nous réveiller quand les premiers clients arrivent. Nous nous éclipsons par la porte de derrière pour aller nous doucher chez les parents de Liane partis au boulot.

Nous ne le savions pas mais nous vivions nos moments les plus heureux...

XXVI

L'irrésistible ascension

– Liane Foly pour Fabrice Nataf, s'il vous plaît...

Elle est au téléphone, en face de moi.

Par la fenêtre, les quais de Saône étalent leurs façades polychromes. Notre studio d'enregistrement est installé dans un ancien temple rosicrucien, occupant le vaste rez-de-chaussée d'une maison adossée à la colline de Vaise. De grandes tentures rouges recouvrent le salpêtre des murs. De la confrérie mystique, il ne reste que les étiquettes sur le tableau électrique : grand temple, petit temple, atrium, salle humide.

Deux ans maintenant qu'on est à notre compte, Philou et moi. On est devenus les numéros un de la réclame radiophonique entre Rhône et Saône ; Philippe joue avec les mots et moi je puise dans mon vocabulaire de jazzman reconverti pour affronter tous les styles que demandent les créatifs d'agences qui se la pètent avec leur langage fleuri :

– Fais-moi un son cotonneux mais où la lumière tirerait plutôt sur le bleu...

De temps en temps on se paye un bon fou rire, la confrontation du monde artistique avec le monde publicitaire donne plus souvent qu'à son tour des situations grotesques et je prends un malin plaisir à faire répéter à un client que le volume des « Marienbad » le gêne, alors je le rassure en lui disant que ça ne me pose aucun problème de baisser... les marimbas.

La nuit et les week-ends, on écrit nos chansons.

Deux ans, il a fallu deux ans pour trouver le son, la marque, le style, l'univers.

Elle pouvait tout chanter, Liane. L'ennui, c'est que si en anglais, elle sonnait terrible, en français elle avait des accents imperceptibles de Croisille ou de Nicoletta qui me faisaient hurler, et plus d'une fois, nos séances se terminèrent par des pleurs.

– Retourne voir ta Betty ou ta Sarah, de toute façon elles seules te font bander, moi, tu ne me fais jamais de compliments sur ma voix.

Elle partait en ponctuant le claquement de porte d'un « Je suis la femme de ta vie, connard, et tu ne le sais même pas », sous le regard amusé de Philou.

Le problème qu'il y a à connaître une chanteuse au sens biblique du terme, en d'autres termes coucher avec son égérie, c'est que fatalement, sa voix vous fait moins d'effet, et qu'on finit par ne plus entendre que les défauts. L'idée, c'est de maintenir la pression sexuelle et de la canaliser vers l'inspiration. Le chevalier à la conquête du Graal part avec un mouchoir de sa belle, imprégné de son parfum, et cette énergie pure lui permet d'accomplir le grand œuvre. La malédiction s'est abattue sur la Table Ronde le jour où Lancelot a couché avec Guenièvre. Le chant apollinien devient dionysiaque, et c'est la naissance de la tragédie... Je me consolais en me disant que si on n'avait pas été ensemble, Liane et moi, j'aurais probablement jeté l'éponge depuis longtemps.

Et puis un jour, le hasard est venu me sauver...

Au lieu de brancher le micro de chant sur la tranche de console dédiée à la voix, je me suis trompé de prise et l'ai envoyé sur la piste de la guitare où traînait une équalisation hyperfiltrée avec un effet chorus plus que louche.

Surprise par le son filtré de sa voix, Liane s'est mise à chanter plus grave que d'habitude, d'une manière incroyablement suave, abandonnant toute velléité de puissance, caressant le velours de ses cordes vocales avec une langueur à donner des érections à une armée d'eunuques, me livrant à nouveau le son divin de ses premiers gémissements énamourés.

– Ne bouge pas, on le tient !

Je hurlais, hystérique, elle ne m'avait jamais vu comme ça. J'étais d'habitude dans le doute, toujours à plisser mes sourcils, toujours plus sûr de mes dégoûts que de mes goûts, et soudain elle me voyait fou de joie !

Je le tenais enfin, ce son unique qui allait la différencier du commun des gouailleuses. En plus elle me réconciliait avec le jazz ; il suffisait d'un accord mineur sixième sur une rythmique binaire avec une tournerie de tablas façon Johnny Staccato et tout l'esprit d'Ellington était là.

Une nouvelle Greco était née. La fusion était consommée entre la musique que j'aimais et la langue de Molière.

Le plus dur était fait. On avait trouvé le son, l'attitude, le style...

– Liane Foly pour Fabrice Nataf s'il vous plaît...

Je lève les yeux au ciel et pendant qu'elle attend un improbable rendez-vous, je lui fais signe qu'elle devient zinzin... Honnêtement, je me fais du souci pour sa santé mentale. Voilà plus d'un mois qu'elle appelle tous les matins Virgin, la seule maison de disques qui refuse les rendez-vous. La réponse est toujours la même :

– Envoyez une cassette...

Tel Caton l'Ancien répétant tous les matins « Il faut détruire Carthage », elle recomposait le numéro en se disant qu'elle finirait par le décrocher, ce putain de rendez-vous.

Elle repose maintenant le téléphone, toute pâle...

– Qu'est-ce qu'il y a ?

– On a rendez-vous la semaine prochaine.

– Pas possible...

– Vous voyez, vous ne me faites jamais confiance...

Et elle nous claque la porte au nez dans un éclat de rire.

La semaine suivante, rue de Belleville, numéro 69... rien, pas même une plaque. Derrière une vieille porte délabrée, une cage d'escalier vétuste et, au fond, entre les poubelles et la cave, une vague flèche indiquant « Virgin ». On pousse la porte. Incroyable, c'est là...

Un éphèbe black qui fait office de standardiste soupire d'un air ennuyé :

– Que puis-je faire pour vous ?

– On a rendez-vous avec Fabrice Nataf...

Pendant qu'il appelle, on regarde autour de nous : la boîte de disques la plus hype de Paris ressemble à une imprimerie clandestine d'extrême gauche. Arrive Fabrice, look nonchalant d'étudiant new-yorkais, pull en laine, grosses lunettes en écaille, le sourire toujours prêt à jaillir du coin des lèvres.

– Bonjour, je ne vous connais pas, comment ça se fait que vous êtes là ?

– Ben, on a appelé, la semaine dernière, Liane Foly...

– Liane Foly ? D'accooooord ! J'ai confondu avec Jeanne Foly, la journaliste du *Canard enchaîné*. Désolé, je ne peux pas vous recevoir, je ne reçois que les gens que je connais. Au début je faisais tous les rendez-vous mais je n'ai plus le temps de me taper des mecs du Larzac qui viennent avec trois heures de musique industrielle.

– Mais on vient pas du Larzac, on vient de Lyon, et il ne s'agit pas de musique industrielle, elle a une voix qui tue, notre chanteuse. Allez, quoi, vous ne pouvez pas nous laisser repartir comme ça !

– Bon, puisque que vous êtes là, suivez-moi...

Ça va, ça vient, ça te prend là comme ça, ça fait des choses, des choses blues et rose...

Le jazz, il n'était pas spécialement dedans, Fabrice... Son truc, c'étaient les années cinquante, il était resté scotché sur les comédies musicales de Vincente Minnelli, les mythes urbains en noir et blanc, Judy Garland, Rita Hayworth. Il venait d'ailleurs de produire les Bill Baxter qui chantaient *Embrasse-moi idiot* en hommage à Billy Wilder et Marilyn Monroe.

Fin du titre, il nous sort :

– Ça serait génial de reprendre un standard genre *Stormy Weather* ou *Put the Blame.*

Je me pince et remercie le grand Groucho du fond de mon cœur... La vista qu'il a de Liane en Julie London à la française nous convient parfaitement. On se sent beau en son miroir, stimulé, ça change de tous les abrutis qui nous sortaient « Enlève la trompette, coco, ça fait trop jazz, ça ne marchera jamais... »

Rentrés à Lyon, on a fini l'album avec des ailes et le contrat fut signé dans la foulée. Le contrat avec la maison de disques la plus courtisée du moment ! Toutes ces nuits à se prendre la tête, à arranger, désarranger, réarranger. Enfin, le rêve se transformait en réalité, enfin on voyait l'aboutissement...

Curieusement, du jour où on a signé le contrat avec Virgin, on n'a plus jamais fait l'amour comme avant, Liane et moi.

*
* *

On a fini par quitter Lyon et ses maisons florentines des quais de Saône. La promotion aidant, on passait de plus en plus de temps à Paris et le déménagement s'est fait naturellement. J'avais tenu ma promesse de reprendre la capitale, aidé de ma chanteuse qui s'était finalement révélée plus efficace qu'un Panzer.

J'étais parti avec la moitié du studio, laissant l'autre moitié à Philou qui, lui, ne quittera jamais sa ville et ses potes d'enfance.

On avait trouvé un vieil appart de confectionneur derrière République où j'avais installé le matériel en catimini : à six heures du matin, une grue avait été installée dans la rue et la console, suspendue par des filins, se balançait devant la fenêtre du quatrième étage devant les bras tendus des déménageurs qui essayaient de l'attraper.

Quand il a découvert le pot aux roses, le concierge portugais n'a rien dit, me demandant juste la permission d'assister à une séance de temps en temps vu qu'il était passionné de musique, surtout de U2, et même que chaque fois qu'il entendait la voix de Bono, il avait les poils qui se dressaient sur ses bras, et que là, regarde, rien que de dire son nom, ça le prenait.

Le voisin d'en face était un étudiant en biologie qui préparait un genre d'agreg carabinée. Il passait seize heures par jour à réviser assis derrière sa fenêtre, un bandeau de samouraï dans les cheveux. Il craquait juste pendant les séances de batterie, le reste du temps il nous supportait avec des boules dans les oreilles.

Le monsieur quinquagénaire du couple d'à côté, on l'avait surpris avec une jeune femme un après-midi dans les jardins du Palais-Royal et on avait passé avec lui un deal tacite, à la mesure de la supplique muette qu'on avait lue dans ses yeux.

On était donc à peu près bordés question voisinage, ce qui n'était pas évident en plein Paris.

La console et le magnéto trônaient dans le salon, le sax jouait dans le couloir, la batterie dans la salle de bains et Liane chantait dans la salle à manger.

Notre deuxième et meilleur album a été entièrement enregistré là.

Un jour que Liane sort du bain enveloppée dans sa serviette, je lui colle un casque sur la tête et la pousse derrière le micro en lui envoyant dans les oreilles le play-back d'une ballade que je viens de finir. J'étais trop impatient d'entendre sa voix.

Elle entre dans la chanson totalement relâchée...

Rêve orange, plus rien ne nous dérange...

Soudain, la magie rare de l'abandon : je n'ose plus respirer tant elle est proche de l'interprétation idéale.

À la fin de la chanson, sa serviette s'est détachée sans qu'elle s'en aperçoive et elle a fini nue derrière le micro dans un recueillement de madone. C'était juste sublime et je n'ai pu me fendre que d'un « cooool... » qui en disait long sur mon incapacité à la complimenter et à lui exprimer les émotions qu'elle me procurait. Parfois, on a envie de garder ce qu'on ressent au fond du cœur, comme une source de chaleur pour les jours d'hiver...

Et puis l'argent est arrivé, et les emmerdes avec.

XXVII

Cannes

– Qu'est-ce que tu vas foutre à Cannes ? Tu n'as rien à y faire, tu vas jouer les starlettes à deux balles alors que t'es une vraie chanteuse, t'as pas besoin de ça pour exister, ou alors c'est quoi, tes vieux rêves de groupie qui remontent ?

Quand je suis parti, ça peut durer très longtemps, jusqu'à ce que je la fasse pleurer. Au fond c'est peut-être ça que je cherche.

Voilà, maintenant elle pleure devant la glace dans sa robe Chanel turquoise. D'une certaine façon, ça doit me faire chier, de la voir si belle, alors j'en rajoute, tout ça c'est pas pour elle, c'est pas parce qu'elle a décroché un rôle dans un film dont le tournage a même pas commencé qu'elle va aller au Festival de Cannes pour se faire voir – par qui ? –, les meilleurs attachés de presse sont ceux qui savent rendre leurs artistes rares, regarde Souchon et Julien Clerc et Daho, est-ce qu'ils feraient ça, eux ; et c'est pas parce qu'elle a fait un album qui a marché qu'elle va monter les marches de ce putain de festival, et qu'est-ce qu'ils ont tous avec ces marches, bordel de merde !

Elle a fini par les monter, les marches, et moi avec, et j'y croyais tellement pas que j'avais dû emprunter le smoking du concierge du Martinez vu qu'on était dimanche et que tout était fermé rue d'Antibes. Les photographes hurlaient « Liane, Liane par ici, Liane, Liane par là, Monsieur, Monsieur, tournez-vous », et que ça crépitait de partout, et qu'elle me la jouait même pas revancharde, un vrai naturel, comme si elle avait fait ça toute sa vie, genre de gentillesse timide avec un zeste d'humanitaire style Audrey Hepburn inaugurant sa fondation « Léproserie sans frontières ».

Serrement de pince en haut des marches à Gilles Jacob qui, lui, la joue humble taulier avec le regard qui brille du plaisir de nous recevoir dans sa maison. On croirait presque qu'on est attendus.

On finit par s'installer, le film de la soirée de clôture va démarrer, un néo-western hollywoodien réunissant pour la première fois à l'écran Tom Cruise et Nicole Kidman qui sont juste une rangée derrière nous et qui poussent des cris d'ados en voyant leur nom au générique. Et moi, je me dis que je suis là parce que cette foutue Lada a bien voulu démarrer ce fameux jour...

Une fois qu'on les a montées, ces putains de marches, il faut les redescendre.

Même cinéma, les photographes qui hurlent, les bisous des faux culs, ma chérie comme tu es belle, on traîne, on savoure, on commence à trouver ça drôle, on descend en flânant pour faire un peu durer, merde, c'est pas tous les jours...

On fait si bien durer que lorsqu'on arrive en bas, les douze coups de minuit ont sonné et il n'y a plus de carrosse sponsorisé par Renault pour nous raccompagner.

Nous voilà perdus sur le plancher des vaches, entourés d'une foule qui va nous bouffer pour voir quel goût ça a, une robe Chanel prêtée par un bureau de presse.

Les gorilles gominés en smoking faisant rempart de leur corps nous ramènent à pied au Martinez, la foule de plus en plus excitée par la proximité tend les bras, prête à déchirer...

Liane, Liane, par ici, un autographe, un bisou, quelque chose, n'importe quoi... On avance en titubant entre la honte et l'hilarité, quand j'entends, au milieu des hurlements hystériques, une petite voix :

– Monsieur Manoukian ?

C’est quoi, ce gag ? Qui connaît mon nom, ici ?

Je me retourne : une jeune femme timide me fait des signes. J’arrête les mastards deux secondes.

– Vous êtes quelqu’un de ma famille ?

– Non, je suis la sœur de Sarah.

– Sarah ! Elle est où ?

– Elle est là...

Du doigt elle fait glisser mon regard sur sa sœur pendue à son bras. Je reste pétrifié. Je savais qu’on se reverrait un jour, mais là...

Je ne peux rien faire d’autre que désigner Liane dans une supplique muette qui veut dire « C’est toi qui aurais dû être là » pendant que les gardes m’entraînent et que la marée humaine engloutit cet éclair de passé.

XXVIII

Le château

Les pieds dans les herbes folles du parc, adossé au séquoia géant, je regarde le manoir XVIIIe qui me salue du haut de ses trois étages : fenêtres à la française entourées de briques, toiture d'ardoise, vignes grimpantes sur la façade nord, une tour...

Je me demande de quelle nature sont les trois autres étages d'emmerdes qui m'attendent, enfouis sous la terre, ceux-là...

Trois mois plus tard, j'ai la réponse : elle se fait la malle.

Mon égérie met les voiles, ma créature, mon artiste, mon interprète, ma femme, ma maîtresse, ma sœur, ma partenaire, ma complice se casse, se taille, se barre, rentre chez elle, me laisse dépeuplé...

On vient à peine de connaître le succès et on ne savourera pas ensemble le fruit de nos années de galère qui s'élève en majesté devant nos yeux du haut de ses deux siècles.

Ce putain de manoir qu'on a tout juste acheté avec les sous de la Sacem, m'y voilà seul maintenant. Cinq cents mètres carrés de silence, quatorze pièces de vide, un étage entier de musique avec un piano Steinway qui ne jouera plus pour elle.

Mon esprit judéo-chrétien est rassuré, quand quelque chose de bien vous arrive, cherchez le malheur collatéral. Et surtout, ne vous réjouissez jamais, les dieux sont jaloux du bonheur des hommes. On me présentait donc l'addition, le prix du succès.

Un agent lui avait trouvé un rôle dans un film français qui se tournait à Moscou. En arrivant là-bas, elle s'est rendu compte pour la première fois depuis longtemps qu'elle pouvait exister sans moi. Moi, pendant ce temps, je suis resté au manoir à préparer son prochain album...

Ce ne sont pas les metteurs en scène qui sont les plus dangereux, au cinéma. Non, c'est des assistants qu'il faut se méfier. Les metteurs en scène, ils n'ont pas la tête à draguer, ils sont pris par leur film tandis que les assistants, ils sont toujours avec les actrices, à leur demander si le thé n'est pas trop froid, si la loge est bien chauffée, s'ils peuvent passer dans la chambre le soir pour poser la tenue repassée du lendemain...

Bref elle est rentrée et a profité de notre première engueulade pour me glisser qu'elle avait envie de se retrouver seule et qu'elle voulait retourner vivre à Paris.

Je lui ai aussitôt répondu :

– Toi, t'es tombée amoureuse à Moscou.

– Mais noooooon...

Et là elle me dit qu'elle étouffe, que je suis trop sur elle, que tous les matins elle se lève avec l'impression qu'elle a un combat de boxe à livrer, et elle me sort une liste de sept ans de blessures morales que je lui aurais infligées !

Un véritable réquisitoire, j'en prends plein la gueule, halluciné.

Du coup j'essaie de me racheter une conduite.

Peine perdue, elle a juste pratiqué l'art de me charger pour se donner le courage de me quitter.

Elle avait passé son temps à me mettre sur un piédestal, à raconter notre histoire comme le conte de fées mythologique par excellence, le cliché parfait du Pygmalion et de sa créature, du poète et de sa muse, du peintre et de son modèle, et maintenant elle se livrait à l'entreprise de déboulonnage total, le meurtre du père, la déstalinisation sauvage, la rupture violente du cordon sans anesthésie, la revendication identitaire sanglante annonçant la fin de la dictature du bon goût contre le droit revendiqué au goût de chiotte. Bref, j'assiste impuissant à l'anéantissement de mon amour, de ma musique, de ma personne, de tout ce que j'avais projeté sur elle pendant sept ans. Ma psy me préviendra plus tard : plus vous en faites pour quelqu'un, plus il vous en veut...

Je l'aide à déménager, elle se prend un petit deux-pièces dans Paris et je me retrouve tout seul au château...

Je déchirerais volontiers tous les chèques qu'on vient de me faire pour me retrouver dans notre studio du début mais c'est trop tard...

Mes potes se marrent : je suis riche mais largué.

J'essaie toutes les thérapies, du massage chinois à la danse cosmique en passant par la psychanalyse jungienne.

Chez Jung, il se trouve qu'il y a plus d'espoir que chez Freud. Freud, il a un concept désespérant qu'il appelle la compulsion de répétition : on est condamné à refaire toujours les mêmes conneries, donc on se cogne toujours contre les mêmes obstacles. Jung, lui, appelle ça la vérification : on nous envoie les mêmes épreuves pour vérifier qu'on a retenu la leçon.

Dans l'annuaire, sur la centaine de psys parisiens, il n'y avait qu'une adresse portant la mention « psychanalyse jungienne », et en plus c'était une femme. Je me mets à fantasmer aussi sec sur une Sharon Stone en tailleur gris souris et chignon strict notant mes rêves libidineux d'un air concentré derrière d'adorables petites lunettes en métal qu'elle retrousserait de temps en temps sur son nez fin. Or, quand j'arrive au rendez-vous, je suis bien au cinéma, mais plutôt dans *Poltergeist*, dans la scène où la vieille petite dame un peu troll explique à des gelées vertes qu'elles sont définitivement rayées du monde des vivants et que maintenant elles peuvent aller vers la lumière.

La dame me reçoit avec un gentil sourire muet, allume une bougie et attend sagement... Je me répands plutôt facilement, ça fait déjà quelques semaines que je soûle mon entourage avec mes lamentations : ça structure ma peine, donne un cadre à ma dépression. J'ai même parfois la vague sensation qu'au fond de moi, je ressens un plaisir inavouable à remuer cet objet mou, chaud, informe, envahissant qui m'habite depuis quelque temps : ce bon gros chagrin d'amour.

Je commence par le commencement...

XXIX

Je suis arménien...

... Ça veut dire que j'ai le regard sombre avec des reflets mouillés d'une mélancolie patiemment élaborée pendant trois millénaires par mes ancêtres. Je peux reconnaître ce regard entre mille dans la rue. Mon patrimoine génétique, docteur, il me casse les couilles, un peu plus chaque jour.

Mon grand-père vivait à Amasya, une ville du nord de la Turquie, pas loin de la mer Noire. Les communautés chrétiennes de l'Empire ottoman avaient un statut particulier qui leur laissait le droit de pratiquer leur religion tout en les contraignant à un statut fiscal spécifique. Les Arméniens, qui vivaient depuis plus de neuf siècles dans un milieu hostile, ont dû développer à un très haut niveau l'art de comprendre l'autre. C'est pour ça, docteur, que quand je parle à quelqu'un, je me mets toujours dans sa logique pour arriver à mes fins, et ça, docteur, à la longue, ça me fatigue. J'aimerais parfois être un peu plus turc et un peu moins arménien. Mais revenons à mon grand-père, docteur...

Dès le commencement de la guerre de 14-18, il se retrouve enrôlé de force dans l'armée turque et le voilà sur le front russe. Les Russes font comme d'habitude : ils laissent l'ennemi pénétrer dans leurs terres qu'ils ont préalablement brûlées, choisissent la cuvette idéale pour les encercler et les bombardent jusqu'à plus soif. Mon aïeul se retrouve évanoui pendant deux jours dans un trou d'obus, sous un tas de cadavres, jusqu'à ce que les Russes le tirent de là. Fou de joie, il les embrasse.

– Je ne suis pas turc, je suis arménien, chrétien, comme vous !

Et ton uniforme, il est pas turc, peut-être ? Allez, en Sibérie, avec les autres !

Et le voilà en train d'apprendre le hongrois, l'allemand, et toutes les langues de l'empire austro-hongrois avec les prisonniers de son camp, au fin fond de la Sibérie orientale, à la frontière chinoise. Première règle pour survivre en milieu hostile : apprendre la langue de l'adversaire.

Deuxième règle : faire en sorte que son outil de travail soit suffisamment léger pour pouvoir déguerpir avec facilement. Quoi de plus pratique qu'une aiguille à coudre ? Il la gardera plantée dans le revers de sa veste, toute sa vie. Pour le moment, il devient maître tailleur du camp, cousant les peaux de mouton des gardes qui font le planton par moins quarante. Un jour, un géant slovène vient lui proposer de se faire la malle, il a soudoyé deux gardes. Et les voilà en cavale en Chine. Pour se nourrir, il leur vient la bonne idée de voler des offrandes dans un temple. Coursés par toute la population du village, pas d'autre choix que de retourner au camp. Les gardes les voient revenir, suppliant qu'on les reprenne. Il faudra attendre la révolution russe de 1917 pour que mon grand-père soit libéré. Il marche alors jusqu'à Odessa où il attrape le dernier bateau bourré de Russes blancs en fuite.

Sur le pont, alors qu'il regarde les combats se rapprocher, une femme le supplie d'aller lui remplir une gourde à la fontaine du quai pour son enfant. Lui non plus n'a jamais su dire non, docteur, et le voilà courant le long du port alors que le bateau largue les amarres. C'est accroché au dernier filin qu'on le remonte sur le paquebot pendant que les bolcheviques massacrent les retardataires.

De retour chez lui, il apprend que sa femme, ses enfants, ses parents sont partis faire le trek de la mort dans le désert irakien et le revoilà prisonnier et déporté dans un camp d'extermination à la frontière syrienne. Tous les jours, un garde entre en désignant, pour la corvée de bois, deux prisonniers qu'on ne revoit plus jamais. Arrive le tour de mon grand-père. Pour la première fois, docteur, il a su dire non. Calmement.

– Je n'irai pas à ta corvée de bois. Si tu veux me tuer, tu le fais là, maintenant, devant tout le monde.

– Bien, a répondu le garde en se tournant vers un autre prisonnier qui est parti à sa place.

Règle numéro trois de survie en milieu opprimé : avoir le sens de l'anticipation. Mon grand-père sent qu'il faut mettre les voiles, très vite. Il fait ami avec un garde kurde, rejoint la frontière russe et les troupes arméniennes du général Antranick Pacha, où il va s'enrôler. Le voilà enfin guerroyant dignement du côté des siens pendant qu'on égorge artisanalement ses compatriotes en déportation.

Au même moment, ma grand-mère arrivait dans le désert irakien, terminus d'une longue marche où elle avait perdu ses parents et ses deux enfants, mangeant de l'herbe pour survivre, avec la responsabilité de ses sept sœurs dont elle était l'aînée. Ma grand-mère, c'était une preneuse de tête, et elle avait tellement pris la tête au capitaine turc qui dirigeait son misérable convoi qu'à la fin celui-ci lui dit :

– Femme, tant que je garderai ce convoi, tu seras sous ma protection.

Un jour que des pillards entraient dans leur baraque pour les violer, ses sœurs et elle, elle les effraya en simulant la folie, riant, hurlant, chantant. Les hommes du désert ont peur des djinns et des fous. Ils déguerpirent. Elle finit par arriver à la destination finale des convois où l'on exterminait les survivants, le désert de Der Zor. Ce jour était le 11 novembre 1918.

Règle numéro quatre pour survivre en milieu hostile : il faut un peu de chance. Les soldats turcs jetèrent leurs armes en laissant les prisonniers hagards derrière eux. Ne me demandez pas comment elle a fait, docteur, mais elle a trouvé refuge avec ses sept frangines en Bulgarie, chez un oncle qui cultivait des roses. Mon grand-père l'a retrouvée grâce à la Croix-Rouge. Ils décident alors de s'installer à Smyrne, protectorat grec sur la côte ouest de la Turquie, où naît mon père, en 1920.

En 1922, Atatürk décide de reprendre la ville et c'est le massacre, à nouveau. Le grand incendie de Smyrne. Mon père avait deux ans, il s'en souvient encore. C'est au milieu des flammes que toute ma petite famille monte sur un bateau français après que ma grand-mère a supplié un garde turc au nom de son dieu de baisser le cordon qui séparait les victimes des bateaux occidentaux qui attendaient sagement à quai.

Thessalonique, Grèce. Deux ans dans un camp, deux ans dans une baraque en tôle qui prend la pluie, jusqu'au jour où un commis de la compagnie des filatures d'Aubenas vient chercher de la main-d'œuvre. La France dépeuplée au sortir de la guerre recrute...

Et c'est ainsi que ma tribu atterrit en Ardèche avant de remonter la vallée du Rhône et de se fixer à Lyon.

Mon père, en grandissant, devient l'enfant traducteur et lettré de la famille ; mon grand-père, trop occupé à la reconstruction de la communauté, n'apprendra pas la nouvelle langue, il s'agit surtout pour lui de préserver la sienne. Le nouveau danger, c'est l'assimilation en milieu non hostile. Mon aïeul assure l'accueil des nouveaux venus, leur trouve emplois, logements, fait construire l'église. Un jour que sa femme cherchait dans la pendule les modestes économies, il lui dit :

– Ne cherche pas, j'ai donné l'argent aux musiciens qui ont dormi chez nous, ils n'avaient pas de quoi manger.

Vous croyez que c'est pour ça que j'ai fait musicien, docteur ?

C'est ainsi qu'Arthur, mon père, doit tirer l'aiguille dès l'âge de douze ans pour nourrir sa famille, au grand dam de son instituteur qui voyait en lui un enfant doué. Les dimanches, il s'évade, seul, à vélo. Il pédale comme un furieux, fuyant les réunions du clan et les histoires de massacres, de viols, de femmes enceintes éventrées, de pères décapités devant leurs fils, d'enfants embrochés vivants. Il n'y a pas de psy, à l'époque, il faut que ça sorte. Comment garder ça pour soi ? Alors on partage, en même temps que les pâtisseries sucrées et le café turc, ces terribles récits qui font se réveiller les grands-mères en hurlant la nuit.

Mon père pédale, pédale, de plus en plus vite, de plus en plus fort, de plus en plus loin. Il se retrouve un jour à plus de cent kilomètres de chez lui, à Grenoble ; de retour le soir, il recevra la trempe de sa vie, mais ça ne l'empêchera pas de pédaler, toujours, de marcher, d'escalader des montagnes, de trouver refuge dans des manuels scolaires de philosophie achetés aux puces, et de pédaler encore pendant la pause déjeuner pour aller prendre des cours de piano, pour entendre une autre musique que la triste mélodie des dimanches de son enfance.

À trente-cinq ans, encore célibataire, un jour qu'il était allé chercher *Le Progrès de Lyon* comme tous les matins pour en faire la lecture-traduction à son père, il trouve, à son retour, un médecin qui l'accueille en grimaçant :

– Angine de poitrine, on ne peut plus rien faire.

Mon père entre dans la chambre parentale, le journal sous le bras.

– C'est *Dernière heure*, il n'y avait plus de *Progrès*.

– Ça ne fait rien, répond mon grand-père. Je crois que je n'ai fait de mal à personne dans cette vie, pas même à mes pires ennemis. Marie-toi avec une Arménienne, s'il te plaît...

Et il s'éteint.

Un an plus tard, dans sa traction avant, avec sa mère, sa tante et sa cousine Madeleine, mon père pile devant le magasin du tailleur de La Bocca, Alpes-Maritimes, sur injonction maternelle.

– Il y en a encore une, ici, c'est la dernière. Tu ne veux pas qu'on rentre ? S'il te plaît, je t'en supplie, fais ça pour ton père...

Arthur soupire, puisque c'est la dernière, allons-y. Il vient de se taper une visite guidée de toutes les jeunes filles arméniennes à marier de la

Côte d'Azur, et il pense qu'après celle-ci, on lui fichera définitivement la paix.

Le carillon de la porte tinte. Un vieil homme attablé derrière une machine à coudre ouvre, les invite à entrer. Sa femme et ses filles aînées ne sont pas là, il s'excuse, seule la benjamine est restée. Il l'appelle.

– Élise, viens nous faire du café.

Des pas légers dans l'escalier, une voix mélodieuse... Une jolie jeune femme brune dans une robe de soie grise, prise à la taille par une ceinture rouge, souliers assortis, entre vivement, embrasse la tante, la mère, salue mon père qu'elle pense marié avec la cousine Madeleine et virevolte gaiement autour d'eux, préparant prestement le café et les pâtisseries.

Le lendemain mon père faisait sa demande. Un an de fiançailles, de longues lettres d'amour qui me feront hurler de rire avec ma frangine quand je les découvrirai dans un ruban de raphia.

Ils s'installent à Lyon et je nais neuf mois pile après leur mariage.

Deux ans plus tard, on me présente un poupon emmailloté dans une clinique.

– C'est Marie-Anne, ta petite sœur.

Je lui mets une énorme baffe en guise de bienvenue et me glisse tout habillé dans le lit de ma mère que je n'ai pas vue depuis deux jours...

Notre grand-mère Manoukian vit à la maison, mes premiers mots sont arméniens. Je trouve qu'à l'école maternelle, la maîtresse n'est pas très intelligente parce qu'elle ne comprend pas tout ce que je dis.

Quand ma grand-mère meurt, on embauche Carmen.

J'ai six ans et maintenant, à la maison, on parle espagnol.

La prof d'arménien de l'école arménienne qu'on est obligés de fréquenter, ma sœur et moi, les jeudis, pendant que les copains de la communale font du patin à roulettes, est furieuse parce qu'on parle mieux espagnol qu'arménien. Elle se prend souvent le bec avec Carmen. Je vis mon premier conflit ethnique et c'est sûrement là, docteur, que se forgent mes aspirations internationalistes.

Malgré ces particularités, je fais tout pour être comme les copains, je suis invité à tous les goûters d'anniversaire, je fais le singe savant avec les mamans, je joue Mozart au piano, je fais un tabac avec la *Marche turque*, je rentre même chez les scouts mais là, franchement, je ne peux pas, j'essaie aussi la messe mais rien ne se passe. Bref, je reste comme ça, à m'ennuyer gentiment, à essayer différents agencements jusqu'à l'année de ma terminale...

Soudain ma petite matrone jungienne m'interrompt :

– C'est l'heure, merci, à la prochaine fois.

Il faudra que j'attende la séance suivante pour qu'elle m'explique que je suis le phallus de ma mère.

XXX

La voyante

J'en ai enfin fini avec le troisième disque de Liane.

C'est plutôt réussi, vu le contexte...

Une ballade ouvre l'album :

Et doucement, j'oublierai tout, doucement,
Je f'rai semblant, doucement,
En attendant ton retour,
Comme dans une vieille chanson d'amour...

Elle venait enregistrer ses voix au manoir puis repartait le soir pour Paris. Trop maligne, avant de commencer les séances, elle m'avait ramené une mamy voyante-guérisseuse-magnétiseuse-ambianceuse rencontrée à Toulouse, madame Lianas.

– Dis-moi, petit (accent chantant), tu l'as fait nettoyer, cette maison ?

– Ben oui, j'ai fait venir une société de nettoyage...

– Nooon, je ne te parle pas de ça. Je te parlais plutôt d'un exorciste, tu vois, parce qu'il y a encore deux, trois âmes qui se promènent. Là, par exemple, près de la fenêtre, je vois une groooosse dame, et elle se morfond, elle se languit, elle attend quelqu'un qui ne vient jamais, et elle passe ses journées à coudre, et un jour, par lassitude, elle finira par la vendre, cette maison, et elle sera malheureuse, parce qu'elle l'aimait vraiment...

Elle m'enfonce des cônes en papier de cire dans les oreilles puis elle les enflamme. La chaleur attire le sébum et autres saletés enfouies dans mes tympans. Elle finit par me montrer le dépôt de toutes les mauvaises choses que j'ai dans la tête d'un air entendu puis, sans transition, alors qu'elle me fait un massage astral en m'époussetant les épaules comme pour m'enlever des pellicules cosmiques :

– Dis-moi, ça ne va plus avec Liane, tu n'étais plus assez à son écoute, alors elle a fini par se détacher... Ta seule chance pour qu'elle revienne, c'est que tu restes près d'elle, elle a besoin de toi, mais surtout, ne pose pas de questions...

C'est avec ces deux commandements écrits sur mon bureau...

Reste près d'elle.
Ne pose pas de questions.

... que je tiens le coup de septembre à décembre.

Les musiciens qui viennent enregistrer sont scotchés en découvrant la maison, ses poutres et boiseries que j'ai fait éclaircir pour enlever le côté pizzeria gothique. Non, vraiment, zéro faute de goût, la grosse dame pouvait être fière de sa maison.

Mais voilà, j'y étais seul, dans cette maison faite pour une famille de douze gosses.

Le soir venu, Bab, mon programmateur sénégalais à l'accent parigot, se barrait en rigolant :

– J'te laisse avec tes fantômes, man !

Je le soûlais toute la journée en lui racontant que j'avais un trou dans le cœur à la forme du visage de ma belle.

Ma belle, je l'écoutais en boucle en arrangeant ses chansons. Elle me chantait que des trucs pour me consoler et c'était encore pire.

XXXI

Los Angeles

Los Angeles sous la pluie.

Je voulais changer d'air mais, c'est bien connu, vos vieilles valises vous pourrissent la vie, où que vous soyez.

Je suis avec Bab et le gros Manu, un ingénieur français qui bosse avec des pointures genre Mick Jagger, Dave Stewart ou Sting.

En arrivant, la copine de Manu me saute dessus :

– Je viens de revoir Carla, la batteuse de Wendy et Lisa... Eh ben figure-toi que Suzanna (la sœur de Wendy, celle qui tient la guitare dans *Kiss*, de Prince) est en pleine séparation. Elle supporte plus son mec, un acteur, John Cusac, tu vois qui c'est ?

– Non.

– Il passe son temps avec ses potes à se torcher à la bière. Elle a envie d'un mec stable et gentil dans ton genre. Tu as rendez-vous avec elle dans une heure sur Melrose Avenue...

– Ça va pas, non ?

– Mais vas-y au moins pour la voir, et si elle te plaît, t'auras tout le temps pour la draguer...

– Bab, tu viens avec moi !

– Alors là, frangin, tu te démerdes tout seul.

– Bab, t'as pas le droit de me laisser tomber, et puis c'est toi qui as voulu venir ici, moi je voulais mixer dans un studio des Bahamas, au soleil, mais comme t'en as rien à foutre, de bronzer, on se retrouve à Los Angeles sous la pluie, alors tu casses pas les couilles et tu viens !

Il pleut non stop depuis qu'on est arrivés, faut dire qu'on est en décembre mais même en décembre ils n'avaient jamais vu un temps pareil depuis des lustres, à L.A...

Nous voilà enfin sur Melrose, les deux filles se demandent lequel est le prétendant esseulé en se bousculant du coude, et moi, je la repère tout de suite tellement elle ressemble à sa sœur en plus belle.

On se dit bonjour, elles nous disent qu'elles sont désolées à cause de la pluie, que c'est rare, je leur explique que c'est normal, qu'en ce moment, partout où je vais, il y a un nuage noir qui me pisse dru sur la tête... Elles sourient. On descend Melrose Avenue, elle à côté de sa copine et moi à côté de mon pote... On se quitte sans avoir échangé trois mots et je rentre, les dents coincées, pendant que Bab se plaint qu'il a faim, que c'est pas parce que je suis en dépression qu'on va plus bouffer, je m'arrête dans un Delicatessen et pendant qu'il s'empiffre de donuts et de pastrami, je regarde la pluie tomber sur Sunset Boulevard...

On passe le réveillon du 31 avec Carla et son mec, le tromboniste des Fishbones, dans un resto branchouille qui la joue low-fi pour ce qui est des cotillons, mais je me retrouve quand même à souffler dans une langue de belle-mère d'où sort un son tellement triste et plaintif que le barrissement du dernier mammouth de la planète devait être réjouissant à côté du mien.

Le lendemain matin, j'appelle Liane en France pour lui souhaiter la bonne année, elle m'a laissé les coordonnées de son hôtel où elle se fait une thalasso. Elle raffole des thalassos... Moi j'ai toujours détesté ça.

Le mec de la réception :

– Ils sont sortis.

Putain, ça fait mal au cul de l'apprendre par un concierge d'hôtel! Bon, d'accord, c'est moins douloureux que de se les avaler en première page d'un tabloïd, mais quand même, ça fait mal. Elle doit arriver dans deux jours à L.A. pour écouter les mixes...

Je veux juste une dernière explication et surtout je lui en veux de m'avoir fait culpabiliser pendant quatre mois alors que c'était juste une histoire d'A et, contre ça, y a jamais eu grand-chose à faire.

Les filles ne sont pas faites comme les mecs, elles ont plus de mal à aimer deux personnes à la fois.

Dans un sens je me sens soulagé d'avoir enfin un épilogue à ce gros point d'interrogation qui me bouffait la tête. J'avais quitté, j'étais quitté, donc quitte. Le travail de deuil pouvait commencer.

Juste avant la fin, on avait essayé de recoller les morceaux, à Capri, au grand hôtel Quicisana.

Mauvaise idée. Capri, ça sonne pas bien pour les réconciliations. À la terrasse de la piscine, je ruminais seul sur mon transat après une énième engueulade alors qu'elle était retournée dans sa chambre, probablement au téléphone avec l'assistant si prévenant de ce putain de film qui s'appelait *Le Bonheur* et qui fera trois pauvres entrées dans la seule salle parisienne où il sortira pour toucher la subvention du CNC. Pendant que je remuglais et fulminais, sous mes yeux un quadra italien beau gosse tenait sur ses genoux une blonde créature splendide qui riait aux éclats en lui faisant des calinous de la mort !

MERDE, POURQUOI PAS MOI ?

Pourquoi j'ai pas le droit à une blonde coooooool qui me ferait des bisous dans le cou et avec qui je goûterais enfin l'insoutenable légèreté de l'être, moi qui vivais avec une femme-entreprise qui ne débranchait jamais, qui pouvait, même en plein milieu de l'océan Indien, appeler le bureau parisien pour savoir si la maquilleuse avait bien été bookée pour le Drucker du 22 avril. MAIS *GIVE ME A BREAK* !

Ben je l'avais, mon break, maintenant...

Deux jours plus tard, au terminal de Los Angeles, elle me saute dans les bras, ne pouvant retenir sa joie de me revoir.

Je n'ai pas encore tout compris aux filles.

Et puis, passé la joie, le temps des explications dans sa chambre d'hôtel...

– C'est l'assistant ?

– Oui...

Elle baisse les yeux comme une petite fille.

– Pourquoi tu m'as menti pendant tout ce temps ?

– Je ne pouvais rien te dire à cause de l'album, tout l'entourage flippait ! On me disait : « Surtout qu'André ne sache rien ! »...

– Ah, parce qu'en plus, tout l'entourage savait. Bravo ! Cela dit, tu as eu raison, j'aurais sûrement tout envoyé péter. Ça vaut mieux comme ça...

– Je regrette tellement...

– Quoi ?

– De t'avoir fait quitter ta femme et ta fille il y a sept ans.

Putain, elle m'achève ! Prix Nobel de psychologie !

– Ben moi je ne regrette rien, alors je te laisse avec tes regrets.

Je pars, royal, pour m'effondrer cinq minutes plus tard dans la chambre 302 du Sheraton de Cienega Boulevard.

XXXII

L'apprentissage de la solitude

La journée, ça va à peu près.

La campagne vitalise, en janvier, dans les Yvelines.

Mais dès la tombée du jour, une panique sans nom me prend à la gorge, un vieux cafard informe, mélange sans goût d'angoisses enfantines ressurgies du fin fond de mon cortex reptilien. Je dois fuir vers Paris... Voir les lumières mouillées, les vitrines débordantes, les gens qui courent, se branchent, rient, s'engueulent, la vie quoi !

Depuis que je suis rentré de Los Angeles, la péniche de Francis est mon point de chute. C'est le manager de Fela Kuti, des Têtes raides, de Rachid Taha, des Wampas, de Rebecca. Il est amarré quai d'Austerlitz avec sa joyeuse tribu. Le verbe méditerranéen, érudit, florentin, bordélique et généreux.

Je l'ai branché avec Liane juste avant la chute, pas ma meilleure idée. Décalage culturel trop important, ça ne se passera pas bien entre eux. Francis m'emmène dans des soirées improbables, des happenings d'une autre époque, et, une fois sur deux, je me demande ce que je fous là. Des expos conceptuelles au profit de l'enfance malgache patronnées par Radio Nova où des slammers déclament pendant que des peintres des rues barbouillent et que des street-dancers se tordent sur des cartons devant les mêmes branchouilles blasés que l'on voit dans toutes les soirées chiantes... Je rentre légèrement pété vers trois heures du matin dans ma limousine allemande et, chose curieuse, l'immense maison vide m'accueille comme un ventre douillet.

J'ai quitté la chambre nuptiale et me suis installé dans la chambre verte tapissée de soie fleurie dont la fenêtre donne sur le séquoia géant. Tous les soirs avant de m'endormir, comme un prisonnier visualise un morceau de ciel bleu dans la nuit de son cachot, une jolie tête blonde avec des yeux couleur lagon et un sourire espiègle me console :

– Ne t'inquiète pas, j'arrive...

C'est ma princesse blonde, qui plane au-dessus du séquoia du jardin.

Je m'endors en pensant qu'il est bien dur d'être Siddhartha et de savoir faire les trois choses les plus difficiles du monde :

1. réfléchir
2. attendre
3. jeûner...

Sur la péniche de Francis, je traîne avec Rebecca. Elle vient de finir son premier album. Je fais son consultant en musique, elle fait ma consultante en amour :

– Même si ta gonzesse t'a largué en te poignardant violemment, même si elle te charge de tous les maux de la Terre pour se donner le courage de te quitter [*ah, c'était donc ça...*], même si elle ne t'aime plus, même si elle n'a aucune intention de revenir avec toi, elle fera tout pour que tu l'aimes encore. Elle a besoin de ça. Typiquement féminin, et de surcroît un grand classique, sache-le...

Je commence à lui coller aux basques. Besoin de présence féminine... En fait je n'ai jamais été sevré. Quitté ma mère pour Claire, quitté Claire pour Liane, quitté tout court pour la première fois. C'est ma première initiation, mon premier vrai coupage de cordon, à l'arrache.

Plutôt bonne infirmière, Rebecca. Elle me présente une flopée de thérapeutes. J'essaie tout, en bon élève avide de m'en sortir : les massages émotionnels, la danse énergétique, le déblocage de chakhras... Rebecca m'accompagne partout, s'inquiète de l'avancée du traitement, mes profs lui font de bons rapports : je progresse vite. Mon malheur a eu son petit effet positif : j'ai perdu dix kilos.

Il s'agit maintenant de ne pas en reprendre. Rebecca me met au régime Montignac. Elle me prend en mains et se pique au jeu : programme de réappropriation d'André Manoukian par lui-même.

La masseuse énergétique (elle a soixante ans, je soupçonne Rebecca d'avoir orienté son casting) me fait le topo :

– Votre chanteuse, vous lui avez donné toute votre énergie. Elle a eu l'habitude de fonctionner comme ça, jusqu'à présent. Très bien... Le problème, c'est qu'elle est partie avec votre force et qu'elle vous a laissé à plat.

– Comment je peux faire pour la récupérer, ma force ?

– Demandez-lui de vous rendre ce qui vous appartient.

En rentrant, je prends le téléphone :

– Allo Liane, voilà, il paraît que tu es partie avec mon énergie. Je t'appelle juste pour te dire que je la reprends. Salut.

XXXIII

Rebecca

Ça marche ! Rebecca est fière de moi.

Je lui raconte tout, l'histoire de la princesse blonde qui vient me visiter chaque soir. Elle se marre et moi aussi : Rebecca a les cheveux noirs comme l'ébène, et juste ce qu'il faut de détachement pour me faire comprendre qu'il y a largement plus malheureux que moi. Je me plains de ne pas avoir de tribu ? Elle me présente la sienne.

Je suis accueilli avec douceur, comme un grand brûlé en convalescence, par Grégoire et Lydie qui tiennent un resto brésilien derrière la place des Vosges, où traîne une flopée de jeunes comédiens en devenir, de cinéastes en herbe, d'expérimentalistes de tout poil qui philosophent pendant des heures sur des stratégies fumeuses, des expériences pas encore vécues ou des théories sur le point d'être vérifiées par leur narrateur en personne.

Les filles sont très jolies, la feijoada épicée à souhait, ça parle brésilien, ça joue brésilien, on boit la caipirinha, c'est près de Bastille et je commence à être bien dans mes baskets avec mes nouveaux amis...

Je me suis loué un petit appart boulevard Saint-Germain.

J'ai racheté à Liane ses parts du manoir, mais je ne peux plus y vivre. Un soir, au sortir de l'Aréa, Rebecca me demande à quoi elle ressemble, cette fichue maison censée représenter l'achèvement d'une vie de travail et qui s'est transformée en cercueil...

J'ai la sensation que, peut-être, la malédiction est achevée.

– Allons-y !

Soixante kilomètres plus tard, je guide mon infirmière dans les boiseries, les portes de bazar afghan, les tables en verre et acier sculpté pleines de poussière. La maison me semble belle, à présent, dans les yeux de Rebecca. La bouche de mon infirmière est rouge carmin, son regard triste et doux s'allume :

– Mais c'est un vrai piège à filles que tu as là ! Tu vas vite te refaire une santé, mon garçon !

Je la regarde d'un air de dire que ma carrière de séducteur polyphonique risque de finir ce soir.

Silence lourd...

Ça suffit, ces longs mois de discussions, de promenades sur fond d'expertises stratégiques homme-femme, de philo comparée des *Feux de l'amour* et des *Liaisons dangereuses* ! J'ai soudain une furieuse envie de me blottir contre elle. Elle comprend le langage des yeux et m'ouvre les bras en souriant du bonheur de retrouver une naïveté qui a résisté à toutes nos brillantes analyses.

Qu'il est doux d'embrasser et d'être embrassé quand on pensait que ça n'arriverait jamais plus ! Mon infirmière s'abandonne désormais et je la noie sous une pluie de baisers avides.

Une infinie douceur vient mourir en sanglots palpitants sur nos bouches mêlées. On passe la nuit en se serrant comme des enfants, chastement enlacés...

Dans deux jours elle doit se rendre en Espagne pour sa pochette de disque, chez Tita, une artiste qui repeint ses négatifs. Je serai du voyage.

Le Ritz de Madrid (nous vivons les derniers flamboiements de l'industrie phonographique) n'a pas été refait depuis les années cinquante. Notre chambre a le charme désuet des palaces décadents, la patine de bienséance qu'il faut pour alléger notre conscience altermondialiste.

À peine le temps d'installer nos bagages, vaguement embarrassés, et nous voilà vite en route pour le Prado. Les toiles de Vélasquez et de Goya semblent s'animer, je vois ma gitane partout, tour à tour en duègne et en fille d'aubergiste. Elle rit de mon enthousiasme d'ado. Il va falloir qu'on se déguste en prenant notre temps.

À dix heures du soir, les rues de Madrid sont envahies par une longue procession païenne. On se laisse dériver. Une auberge porte l'enseigne : « Ici, Hemingway n'a jamais mis les pieds ».

Je pousse la porte. Alors que nous sommes assis à table, au milieu des tapas et de la joyeuse fureur environnante, pris dans une explosion de couleurs, de parfums, un désir trop longtemps contenu nous suffoque. On ne se parle plus, on vibre rien qu'en se regardant, sans se toucher, pris de bouffées soudaines d'amour.

Aussi est-ce avec soulagement que nous nous recueillons enfin dans les draps soignés de notre chambre baroque. Ça fait six mois que je n'ai pas fait l'amour et sept ans que je n'ai pas eu d'échanges de fluides avec une autre que ma régulière. Les temps ont changé, il faut désormais faire avec la capote. Le détail aurait pu tourner au sordide et pourtant il n'a en rien altéré la religiosité du moment. Je m'abîme, éperdu, dans les bras de ma gitane, la déborde, la submerge, l'envahis...

Disparus la lutte pour le contrôle, les calculs encéphaliques mesquins et les sordides marchandages mentaux pour négocier le recul éjaculatoire. Pour la première fois, il me suffit de me laisser planer dans les bras de la princesse gipsy. Les leçons des thérapeutes New Age auraient-elles porté des fruits inattendus, ou bien est-ce la douleur qui m'a fait grandir et devenir enfin un homme ?

Deux larmes coulent des yeux de ma belle, je les goûte avec gratitude.

L'atelier de Tita est un immense appartement-terrasse au dernier étage d'un vieil immeuble madrilène, tendu de pergolas en toiles de lin. L'atmosphère est studieuse, presque enfantine. Tita et ses tresses... Son mari photographie les modèles en noir et blanc ; elle peint les tirages à la main, donnant aux personnages les couleurs, la naïveté et la force des figures de Frida Kahlo. Rebecca a posé comme je l'avais sublimée, en princesse gipsy couronnée, un petit globe terrestre dans une main et un sceptre dans l'autre.

Le couple travaille en écoutant des musiques du monde, des orchestres baroques New Age aux doux noms surréalistes. Mon préféré est le « Pinguin Orchestra ».

Assis dans un coin en observateur discret, je me lève toutes les trois minutes trente pour leur demander qui joue. Je les envie de pouvoir exercer leur activité en musique.

Rebecca vérifie tout, elle a une capacité à dire immédiatement ce qu'elle pense sans avoir peur de blesser les gens qui force l'envie, la mienne en tout cas ! Elle est limite casse-couilles, mais on le prend plutôt bien en général.

Je me demande toutefois si elle laisse le temps aux autres de formuler ce qu'ils pensent... Mais je me suis juré de ne pas interférer dans son processus. Elle met tellement d'énergie pour contrôler son histoire...

Et puis mon champ musical est ailleurs.

XXXIV

La princesse blonde

Rebecca vivait derrière le boulevard Beaumarchais, dans un appart que nous avions baptisé Patmos. Le mien, d'appart, avait eu droit au nom de Samos, à cause des volets bleus. J'y travaillais puis la rejoignais chaque soir.

Mais avant de se coucher, il fallait systématiquement passer à l'Aréa, chez Grégoire et Lydie, le repaire brésilien de la Bastille, pour prendre un dernier verre, mesurer l'ambiance, regarder avec curiosité les rares nouveaux clients qui se mélangeaient aux habitués. Grégoire commentait derrière son bar en roulant les yeux d'un air entendu, reniflait la profession d'une nouvelle tête, se déclarait déçu par un tel dont il admirait l'œuvre cinématographique mais qui se révélait bien en deçà humainement, pensez, il n'avait pas aimé son strogonoff...

Rebecca s'asseyait de table en table, parlait en brésilien avec des Libanais, remontait une comédienne éplorée par un énième casting foireux, encourageait un assureur à tout plaquer pour écrire enfin la fiction de sa vie et engueulait son frère de laisser son immense talent de cinéaste, d'acteur et d'écrivain lui filer entre les doigts. Je la laissais faire son tour de salle pendant que je m'adonnais à la philo de comptoir avec Grégoire en savourant les bulles de mon Perrier comme si elles remontaient d'un Cristal-Roderer : je continuais le régime imposé par Rebecca.

Je me laissais investir avec gratitude.

Un soir, alors que je m'appliquais à déguster ma boisson pétillante, dans le miroir derrière le bar un coup en pleine glotte, un vrai petit tremblement de terre. Là, dans la salle, un visage revenu du fond de ma détresse, une apparition elfique ; je la reconnais, elle rit, attablée avec des amis. La princesse blonde, celle qui me souriait au-dessus du séquoia en me disant « ne t'inquiète pas, j'arrive ».

Je me retourne avec tant de précautions que mon mouvement de tête dure une éternité et quand elle est enfin dans mon champ de vision, impossible de la dévisager : elle darde maintenant son regard sur moi. Sur moi ? Pas possible. Un coup d'œil autour, personne à côté, c'est bien moi qu'elle examine. J'attends puis retente l'expérience. Elle n'a pas cillé, son regard tendu par en dessous me fouille, me scrute, m'évalue, à peine sa bouche murmure-t-elle une phrase à son voisin.

Je commence à transpirer. Je reconnais l'homme avec qui elle est attablée : c'est Duval, un éditeur de musique. Il se lève et vient me saluer.

Je l'agrippe :

– Dis donc, la blonde avec toi, C'EST QUI ?

– Figure-toi que ça fait des mois qu'elle est à ta recherche. C'est une chanteuse, elle est au bord d'être signée et voudrait que tu lui fasses des chansons.

Meeeerde, une chanteuse ! Pas le temps de me remettre qu'il m'entraîne.

Rebecca est affairée à table avec ses potes.

J'emboîte le pas de Duval. Il n'est pas mécontent de son effet.

– Et voilà, à ma droite, un célèbre compositeur qu'on ne présente plus ; à ma gauche, Stéphanie, chanteuse en quête de répertoire que tout Paris veut signer.

On se salue. Elle sourit :

– Voilà des semaines que je cherche à vous joindre mais personne n'a pu me donner votre numéro, il paraît que vous étiez parti à la campagne, en tout cas vous étiez injoignable !

– Oh, c'est pas ça, disons plutôt que j'étais sur un projet très très lourd qui m'a bien pris la tête.

– Et maintenant, vous auriez un peu de temps ?

– Ben, en fait, je partirais bien en vacances, genre six mois dans le désert...

– Bon bon, je n'insiste pas.

Les autres :

– Allez, vous allez bien nous faire quelque chose ensemble ! Elle chante terrible, tu sais. Stéphanie, tu veux pas lui montrer ?

Sur la table, quelques verres de caipirinha semblent avoir fait leur office.

Stéphanie :

– N'insistez pas ou je vous chante les *Noces de Figaro* !

Ses potes :

– Oui oui, vas-y !

Une seconde plus tard, elle se lève et attaque :

– *Mon cœur soupi-reuh, la nui-it le-eu jour...*

... avec une force à faire trembler les vitres. Étrange tableau. Je transpire de la moustache. L'assistance médusée qui était bercée deux secondes auparavant par le groove tranquille d'un Jao Gilberto explose au final en une longue acclamation, saluant la performance lyrique de l'apparition angélique. Elle m'a bluffé, celle-là, avec son culot espiègle...

– Bon, à part Mozart, c'est quoi, votre style ?

– Carole King, je viens d'enregistrer une version guitare-voix de *You've Got A Friend.* Je peux vous faire écouter si vous voulez.

– Bon, ben voyons-nous avant mon départ pour le désert !

Échange de coordonnées téléphoniques, puis je rejoins Rebecca en grande discussion avec des mecs qui viennent de finir leur premier court métrage et qui sont en panne de transport pour aller au Festival de Berlin. Je leur propose ma caisse et tout le monde est soulagé, surtout moi...

Juste quand l'apparition quitte le resto en saluant notre tablée, Rebecca lance :

– Mais dis-moi, la voilà, ta princesse blonde !

– Meuuh non...

XXXV

Janet Jackson

Le téléphone sonne dans la Lincoln. La dame boulotte et avenante en costume bleu turquoise qui m'attendait avec une pancarte à mon nom à l'aéroport de Los Angeles me fait signe de décrocher le combiné en acajou incrusté dans mon accoudoir.

– *Allo ?*

– *Andray ?*

– *Yes.*

– *How was your flight ?*

– *Good.*

– *Cooool ! Take the envelope. Your hotel is Le Sofitel-Malmaison. We'll call you there.*

– *OK...*

Sunset Avenue, on passe devant Château-Marmont. Arrivé à mon hôtel, après le message de bienvenue de la télé de ma chambre, un deuxième coup de fil.

– *The session is delayed till tomorrow.*

– *What am I supposed to do ?*

– *You got a car, a convertible, the keys are at the front desk. Enjoy yourself !*

Quelques jours plus tôt, Emmanuel de Buretel aboyait au téléphone :

– André, tu pars ce soir à Los Angeles pour coacher Janet Jackson sur un titre qu'elle va chanter en français.

– Non mais c'est quoi, cette histoire ?

– Écoute, le type qui devait faire ça vient de me lâcher au dernier moment, rends-moi ce service, tu reçois le texte et la cassette par coursier dans dix minutes. Rappelle-moi.

Le nouveau patron de Virgin, toujours aussi direct et charmant... Il s'est fait casser la tête plus d'une fois mais on ne le changera jamais.

Une heure plus tard, je recevais la cassette et le texte en question. Il s'agissait d'une adaptation en français, sûrement réalisée par une standardiste : pour trois pieds en anglais, il y en a dix en français. J'ai prévenu Buretel qu'il y avait un gros souci et que je ne partirais pas le soir même.

– Quoi ? Tu peux pas me faire ça, tu sais qui tu envoies bouler, là ? J'ai tout le staff de l'artiste et la direction américaine de Virgin au cul, ça peut être déterminant pour ta carrière et...

– Arrête tes conneries, est-ce que quelqu'un a lu le texte ? Ça ne rentre pas au niveau des pieds, il faut refaire l'adaptation.

– Eh ben fais-la, toi...

– Mais je ne suis pas auteur, je suis compositeur, tu le sais pas encore depuis le temps que tu me bouffes mes droits d'auteur ?

– Démerde-toi, branche qui tu veux, un auteur, dix auteurs, refais-moi le texte et j'essaie de les maintenir jusqu'à demain, tu pars par le premier vol en business. Me lâche pas, je les ai sur les fesses depuis un mois, la France est le seul territoire dans le monde où Janet Jackson n'est pas numéro un, et je leur ai suggéré d'essayer une chanson en français, ils ont accepté, tu peux pas me planter maintenant, salut.

Quelle idée à la con !

J'ai appelé Rebecca et Kroutché, un drama queen fendard qui proposait non stop, un vrai moulin à paroles. Avec lui, pas d'angoisse de la page blanche. Il fallait juste faire le tri, organiser son délire, canaliser, rebondir, rayer, jouer en contre, et l'affaire était menée. Surtout éviter l'alcool, son humour branchaouï avait tendance à virer au mauvais fiel. Ils bossaient en binôme, Rebecca et lui, et ils étaient plutôt efficaces, le kitsch classieux d'un côté et le second degré gainsbarien de l'autre.

Ils venaient de finir son album à elle et étaient encore chauds.

Ils ont travaillé toute la nuit comme des braves et au petit matin ils m'ont réveillé en me chantant en duo une ballade ultra sucrée propre à exploser toute l'insuline de la planète.

J'ai filé à Roissy avec le dictaphone vissé à l'oreille, histoire de retenir la vibe dégoulinante.

Première fois que j'étais en business, plutôt cool mais à l'heure qu'il était, j'aurais volontiers troqué mon fauteuil-lit et ses langoustes volantes contre le strapontin d'un autocar pour l'Ardèche...

Enjoy yourself !

J'ai regardé par la fenêtre les palmiers et les maisons en meringue de Beverly Hills.

Coacher une star mondiale, la frangine de Michael en personne ! Quincy était dans les parages, merde ! Ça s'était fait si rapidement que je n'avais pu prévenir aucun pote et j'étais là, seul, dans un film qui pouvait vite virer au grotesque.

J'écoutais compulsivement la ballade sur le dictaphone de Rebecca pour me rassurer. La mélodie était très chiante et j'étais obligé de la connaître dans ses moindres recoins pour placer le texte correctement. Je subodorais une galère sans nom et ai décidé d'aller faire un tour à Venice.

Sur la promenade le long de la plage, j'ai croisé un mec que je connaissais, un petit gros à moustache. Au bord de le saluer, il m'est revenu que c'était Ron Jeremie, une porno star sur le retour. J'ai rigolé tout seul et je suis rentré à l'hôtel : j'avais repoussé les limites du jet-lag au-delà du raisonnable.

Je me suis endormi en pensant à cette trop jolie blonde au sourire espiègle avec des yeux couleur lagon que j'avais rencontrée quelques jours plus tôt à Paris...

*
* *

Je pousse la porte de Compas Point, Los Angeles, le studio mythique des seventies. L'ambiance a changé, forcément, maintenant c'est no smoking à tous les étages, fini le temps des splifs et des bols de coke à volonté.

Le casting aussi a pris un coup derrière les oreilles : sur la porte du studio A : Julio IGLESIAS, Producer : David FOSTER ; sur la porte du studio B : Tina TURNER. Je m'avance à la réception, timide.

– Euh, moi c'est pour Janet Jackson, s'il vous plaît...

– Troisième à gauche au fond du couloir.

Le cœur palpitant dans mes pompes, je pousse doucement un battant épais comme une porte de coffre luxembourgeois. Un type est en état de veille derrière la console dans la lumière tamisée des varilights.

– *Hi, my name is André, I'm coming for the session...*

– *Hi, my name is Pete, I'm the sound engineer. They just call, they'll be ten minutes late.*

– *Okay*... fais-je, d'un air faussement décontracté.

Je m'assois dans un canapé grenat profond comme l'ultramoderne solitude qui m'envahit soudain.

– Mais qu'est-ce que je fous là ?

Mon leitmotiv existentiel.

Dix minutes plus tard, Jimmy Jam, la moitié de Jimmy Jam et Tery Lewis, les deux producers ex-musiciens de Prince qui ont autant de tubes fonk à leur actif que moi des P.V. quand j'habitais à République, Jimmy Jam donc, immense sumo black de deux mètres de haut sur deux mètres de large, jaillit dans la cabine où je m'engourdissais dans les profondeurs du canapé, pris dans les vapeurs du jet-lag.

Je bondis pour lui serrer la main, il constate, placide :

– *So ! We're gonna do a french lesson today.*

– *Yes, aha aha...*

– *So, you're a singer.*

– *Ah no !*

– *Whaaaat ? You're not a singer and you're about to coach one of the best singer in the world ?*

– *But I'm a producer and I'm used to coach female singers and I've got one right now, she's number two in France...*

– *Congratulations !*

Il me balance une claque dans le dos à me décoller la plèvre.

Oufff, la glace est rompue. Arrivent Janet et René. J'ai toujours mon dictaphone dans la main pour vérifier compulsivement la mélodie diabétique. Elle, sourire d'ange, mot gentil pour chacun : congratulation à Jimmy pour sa nouvelle Mercedes 600 – il ne regrettera pas son achat –, puis elle me demande si j'ai bien voyagé. Soudain, malaise : René, le boyfriend latino, dit bonjour à tout le monde sauf à moi et manifeste carrément de l'hostilité à mon égard. Janet a remarqué, elle est embarrassée, moi encore plus. Qu'est-ce que j'ai encore fait, j'ai du roquefort entre les dents ?

Au bout d'un long moment ainsi, il vient vers moi super agressif :

– Ça va, on va la faire, cette interview !

Et Janet, soulagée :

– Mais c'est pas un journaliste, c'est André, il vient exprès de Paris pour me coacher...

– Wahoooo... Désolé, me fait-il en me présentant une des deux mains qui tiennent les seins de Janet sur la pochette, c'est à cause du dictaphone !

Et me voilà dans le canapé avec la star. Elle roule des yeux effarés quand je lui présente le texte :

– *Phonetics, phonetics !*

– Okay, alors « J'ai entendu »...

– J'aye entendou ?

– J'ai entendu...

– J'aye entendou ?

– Euh no, j'ai entendu...

– J'aye entendou ?

– OK, « des amis »...

– Dèze eumi ?

– Non, dèze ami...

– Dèze eumi ?

– Bieeeen. « Dire que tu es revenu... »

Elle veut tellement bien prononcer les *r* qu'elle les fait gutturaux, genre « dirrrr que tou è rrrevenu ».

L'accent est chinois, je transpire, elle transpire, je souris, elle sourit, et elle va s'enfermer dans la cabine pour chanter phrase par phrase une torture linguistique qui a autant de sens pour elle que si elle devait chanter la Constitution du Malawi en chichewa.

Mais elle est trop mignonne, fraîche comme une lycéenne qui sortirait de sa high school, démaquillée, deux couettes, peau de bébé.

Pourtant ça n'avait pas démarré terrible.

Quatre heures plus tard – parce qu'elle a quand même mis quatre heures à transpirer avec l'acharnement d'une débutante alors qu'elle a le monde à ses pieds et plusieurs millions d'albums à son actif, y a pas à dire, ils sont vraiment pros, ces ricains – elle me fait un gros hugh et pendant qu'elle me serre dans ses bras :

– *André, are the french gonna laugh when they will hear me ?*

– *Nooo !*

– *You promise ?*

– *I promise.*

Tu parles.

De retour à Paris, la première écoute chez Virgin a déclenché un fou rire collectif devant la tronche de Buretel qui plissait les yeux pour capter le sens du charabia qui sonnait comme un mélange de hindi et de bas-mandarin.

XXXVI

Soleil Bleu

L'aventure américaine terminée, il est temps pour moi de passer à une autre promesse : la princesse blonde.

Je l'appelle à peine rentré.

– Je croyais que tu voulais partir six mois dans le désert, se moque-t-elle.

– Je voudrais être sûr de ne rien louper.

Elle déboule avec une cassette où elle chante le fameux *You've Got a Friend* de Carole King. Je suis agréablement surpris. C'est frais, délicat, sensible, l'accent anglais est parfait. Pendant qu'elle parle de l'enregistrement avec les habituels commentaires – « C'est une maquette, on l'a faite à la va-vite, sans moyens, je n'entends que les défauts, bla bla bla... » –, je l'écoute d'une oreille distraite en fixant ses yeux verts pendant qu'une pensée me traverse la tête : « On va faire des gosses et qu'est-ce qu'ils vont être chiants ! » Surpris par cette pensée incongrue, je la reconduis à la porte, pressé de me mettre au boulot. J'attaque illico des compos à la guitare. Une folk-pop loin de mon jazz habituel. L'amour est-il autre chose qu'un désir de conquête de territoires qui ne sont pas les siens ? Un titre à peine fini, j'entends la mélodie du suivant et voilà six chansons qui s'enchaînent dans l'après-midi ; j'ai branché le tuyau au bon endroit et n'ai plus qu'à recueillir fébrilement les notes comme de l'eau de pluie jusqu'au black-out où je tombe épuisé sur mon lit. En fermant les yeux, je vois du rouge partout, la couleur que j'avais le plus de mal à visualiser lors de mes séances d'énergisation cosmique ; je voyais bien le jaune, l'orange, le bleu, l'indigo : le rouge, c'était impossible. C'était la couleur du désir, selon ma vieille Chinoise. Or là, j'en étais submergé...

Bon, il va falloir enregistrer tout ça, maintenant. Le studio est resté dans le manoir, nous convenons du prochain week-end pour nous y rendre. Ça tombe bien, Rebecca doit aller voir des potes dans le Midi. Hors de question toutefois que je reste deux jours seul avec ma princesse dans la grande maison, ça pue le traquenard. J'appelle Antoine, mon ingé-son, il n'est pas libre. J'appelle Bab, mon programmateur, il n'est pas libre. Je ne sais plus qui appeler mais de toute façon, personne ne semble libre et la miss n'a pas l'air effrayée à la perspective de rester enfermée deux jours avec moi. Bon, ben, allons-y.

La maison l'accueille avec le soleil, les herbes folles du jardin et les chiennes cinglées que m'avait offertes Liane juste avant de me quitter. Deux braques de Weimar que je voulais appeler Lénine et Trotski et qu'elle avait baptisées pompeusement Hestia et Hathor, deux divinités égyptiennes. Rebecca les appelait Bouton et Pression.

Deux jours de rêve, de musique, de balades dans la forêt.

La princesse blonde est née dans les montagnes rocheuses du Canada, un 24 décembre, par moins quarante degrés centigrades. Elle n'aime pas la ville. Elle aime la montagne, elle parle à tout le monde, les petits commerçants lui racontent la vie du village, j'en apprends plus sur eux avec elle en cinq minutes que tout seul en un an. Elle diffuse autour d'elle une énergie solaire qui attire les vieux, les fous, les enfants, les chiens.

De retour à Paris, dans la voiture, nous écoutons nos chansons. Je lui prends la main comme pour la congratuler, elle me l'abandonne un court instant, puis je la pose chez elle et m'en vais rejoindre Rebecca.

Deux jours plus tard, je rompais avec ma gitane. Par téléphone. Elle m'avait appris comment faire, ne supportant plus que Liane traîne encore dans mon entourage.

– Quand tu quittes, tu quittes, tu pars, sans te retourner, comme ça c'est clair, net, définitif. C'est violent mais c'est la seule manière.

J'appliquai donc la méthode. En effet, ce fut bref, définitif, sans la violence. Je la revis juste pour lui rendre un bijou qu'elle avait oublié chez moi.

– Tu es belle, lui dis-je en lui rendant sa bague.

Elle sourit tristement, et sans rien dire tourna les talons. Mon infirmière.

J'étais guéri, libre, amoureux.

Une semaine plus tard, la princesse blonde s'installait chez moi.

Quatrième partie

Redemption Song

Dix ans dans la maison du bonheur.

Elle disait « Ce serait sympa, une piscine, ici » et le lendemain, à l'emplacement qu'elle avait désigné, une tractopelle creusait un trou. Elle disait « J'ai toujours rêvé d'avoir un chien » et le lendemain, nous ramenions un bébé labrador. Elle disait « Si ça ne marche pas dans la musique, on fera un bébé » et quinze jours après que BMG lui eut rendu son contrat, elle était enceinte. L'album était chouette pourtant, j'y avais passé deux ans, un folk-rock psychédélique qui sentait l'encens et le patchouli ; j'avais confié la production à un duo déjanté, Renaud Letang et Franck Pilhan, les Phil Spector du moment ; ils fumaient tellement de joints qu'on les appelait les Translucides. Le single : « *Soleil Bleu / Tatoué sur le pied / Un astre à l'astragale / Dans les yeux des reflets / Des fusées de Bengale / Envie de sortir / Mon corps du cashmere...* »

En deux ans, j'avais claqué tout mon fric. Il fallait repartir de zéro. D'autres chanteuses venaient à la maison, maintenant. Stéphanie avait une tactique imparable, elle faisait copine tout de suite et je retrouvais les filles en longue conversation vite interrompue dès que je pointais mon nez. Le rêve de Mastroianni dans *Huit et demi*, la maison remplie des femmes d'André. Les rôles étaient partagés, plus question de cumuler toutes les figures féminines en une seule personne, il suffisait de répartir, l'amante d'un côté, la chanteuse de l'autre. Bien sûr, la séduction était toujours là, à rôder, mais elle serait canalisée, désormais. Le désir pas mort mais transformé en énergie créatrice, le dragon enfin maîtrisé pour accomplir le grand œuvre.

La première que je rappelai fut Sarah. La dramaturgie de télé-novela égyptienne qui avait guidé notre rencontre en bas des marches du Festival de Cannes appelait un complément d'enquête, il fallait que j'en aie le cœur net. Elle bredouillait au téléphone.

– Tu ne m'en veux pas, en plus tu me donnes une seconde chance !

La voix avait pris de l'assurance, elle m'avait envoyé une démo, les graves étaient plus affirmées, elle avait gagné deux tons dans les aigus. En revanche sa vie privée continuait d'être un désastre. Plaquée par Dany, elle s'était mariée avec un jeune footballeur prometteur qui, à peine admis dans un grand club de première division, s'était converti loubavitch et avait abandonné le foot pour sa religion. Elle devait désormais porter une perruque et n'avait le droit de chanter que devant des femmes. « Chanter, c'est pire que se mettre nue devant un inconnu, c'est dévoiler son âme », me disait-elle. J'étais effaré, puis, à mesure qu'elle me parlait, l'effroi cédait à la fascination. Le chant vu comme un strip-tease de l'âme, au fond, ça donnait du sens à mes émois, à mes égarements, à mes luttes incessantes entre fermes résolutions et total abandon, ça structurait mon éternel combat perdu d'avance. Après consultation de son rabbin – « Il y a plus de spiritualité dans une ligne de ton chant que dans tous les versets que je pourrais lire » –, elle accepta. Tout cela excitait mon sens du défi. Enfin j'étais au cœur du problème, enfin je touchais du doigt le mystère absolu de la voix. Je me fis un malin plaisir à lui composer des ballades torrides. Cette championne hors catégorie dans l'art d'empiler les obstacles entre sa voix et le reste du monde était devenue une cocotte-minute d'émotions sous pression, et son chant était plus sexuel que jamais...

Ça n'a pas marché non plus. Son heure était passée, on ne crache pas sur sa chance impunément. Cette ultime expérience lui servit juste à quitter son loubavitch pour rencontrer un mec enfin cool et mener une vie tranquille en chantant dans les soirées des titres de Streisand qui feraient toujours autant d'effet.

Puis il y eut Sally, belle comme Lara Croft, la voix de Sophie Ellis Bextor. Quand elle entrait dans une pièce, son regard se portait sur chacun jusqu'à ce qu'il soit séduit, homme, femme, enfant, chien, poteau. Le problème, c'était qu'à force de dépenser sa séduction sans compter autour d'elle, il n'en restait plus sur la bande magnétique. En plus elle embarquait tellement les gens dans son sillage que même la prod partait en vrille : il lui fallait contrôler le moindre détail, se faire expliquer le moindre roulement de charley. D'ailleurs il n'y a pas que la prod qui est partie en vrille sur ce coup-là, je me suis payé un beau dérapage incontrôlé qui m'a conduit dans les filets, la tête à l'envers, mais pas de fractures majeures ; en même temps, j'avais des circonstances atténuantes : ni le pape ni l'ayatollah Khomeini n'auraient résisté à de tels regards par en dessous.

Pour finir, ça n'a pas marché non plus.

*
* *

Je commençais à douter, en même temps je vivais le quotidien du producteur de base : pour un succès, trois échecs.

Et puis il y eut Malia. J'avais reçu un coup de fil de Virgin.

– Est-ce qu'on peut donner votre téléphone à une chanteuse anglaise qui veut vous contacter ?

– Ben, donnez...

Je reçois son appel deux jours plus tard. Une voix cassée qui m'intrigue, juste comme je les aime, elle m'explique qu'elle voudrait travailler avec moi, qu'elle a entendu ce que je faisais à New York...

– À New York ?

– Oui, au Radio City Hall, Liane Foly.

Le bureau français à l'export chez Virgin envoyait des disques dans les coins les plus touristiques des USA, or on avait fait un album en anglais, comme beaucoup de chanteurs français fatigués de la petitesse du marché hexagonal.

– Bon, ben, envoyez-moi une cassette et si ça me plaît, je vous rappelle.

Trois mois plus tard, j'écoutais les mixes de *Jazznavour*, un album de standards du grand Charles. Tout était parti sur le jeu de mots ; on m'avait envoyé pour essayer de le convaincre, il était réticent.

– Je ne suis pas un chanteur de jazz, je vais me faire éreinter par les puristes. Et puis en France, il n'y a qu'un seul chanteur qui swingue, c'est Henri Salvador, les autres sont tous des bouffons.

– On le fera façon Sinatra, sans changer les mélodies, vous n'aurez qu'à chanter comme d'habitude, lui ai-je répondu.

Son humilité par rapport au projet m'avait touché. J'avais rappelé Pierre, mon vieux complice d'Horn Stuff, pour écrire de superbes arrangements de big band. Les musiciens, un gratin de jazzmen : Eddy Louiss à l'orgue, au piano Jacky Terrasson, Michel Petrucciani pour un solo dantesque qui sera sa dernière séance, à la batterie Dédé Ceccarelli, Diane Reeves venue dc New York pour chanter en duo avec lui. Je dirigeais tout ce beau monde avec bonheur, j'étais dans mon élément et puis diriger des pointures, au fond, c'est plus facile que diriger des tocards. Aznavour découvrit les arrangements le jour où il vint poser ses voix.

– Hmmmm, voyons voyons, pas mal, je démarre où ? Vous me ferez signe.

Et le voilà dans la cabine. Il envoie grave, il part en retard, puis il accélère et se rattrape sur une pêche dynamique, compressant les phrases, fébrile puis totalement relâché. Nous sommes médusés à la fin de sa première prise. Il est neuf heures du matin.

– Dites-moi si quelque chose ne va pas, je fais autant de prises que vous voulez, je me sens en forme ce matin.

– Euh, écoutez, Charles, ça a l'air terrible ce que vous venez de faire, faisons deux-trois prises histoire d'avoir le choix et...

– Tant que vous voulez, je vous dis, je vous préviens juste, je ne fais jamais deux fois la même chose, d'ailleurs Frank [*Sinatra*] n'a jamais compris mon phrasé. Il disait que ça devait être ça, le swing arménien...

Et il part dans un grand éclat de rire pendant qu'on rembobine la bande. Ce mec met la fièvre partout où il passe ; à quatre-vingts ans, c'est beau d'être musicien...

Donc j'écoutais les mixes avec René, un pote guitariste qui était venu prendre un café à la maison. Ma résolution était prise, je ne ferais plus de projets en développement. Le métier devenait trop difficile, plus d'accès aux télés pour les jeunes artistes, embouteillages en radio, des albums entiers se retrouvaient à la poubelle faute de rencontrer un public. Je décidai de ne plus travailler que pour des artistes confirmés, pourquoi tout recommencer avec des débutants, j'avais donné, et plus d'une fois. Autant rentrer avec les VIP que faire la queue avec les novices. Le vieux m'avait tué, avec ses histoires, son humour, il avait été tellement cool avec Diane Reeves qui était elle-même plus qu'impressionnée de chanter avec cette légende vivante, un des rares Français à remplir Carnegie Hall, le petit régisseur de Piaf qui était revenu conquérir l'Amérique.

Un soir, dans le New York des années soixante, dans une gigantesque party, Dizzy Gillespie l'avait croisé.

– On fête qui, ici ?

Le petit Arménien de Paris lui avait répondu :

– Je crois que c'est moi qu'on fête ce soir...

Donc, disais-je à René, c'est pas prendre le melon que de ne plus vouloir travailler qu'avec des artistes confirmés ?

– Meuh non, à ta place je ferais pareil...

Il s'en va, je l'accompagne à l'entrée, relève le courrier dans la boîte et viens finir mon café.

Une enveloppe épaisse de Londres. Intrigué, j'ouvre. Une cassette, une photo d'une splendide

Black. Je mets la cassette, écoute trois secondes et appelle René en hurlant...

– T'oublie tout ce que je t'ai dit, écoute ça, c'est fantastique, écoute cette voix, je repars à zéro !

Une ballade, avec juste une guitare, une ballade de Nina Simone, *If I Should Lose You.* La voix déchirante, simple, sans artifice, sans vibrato, le son pur, le phrasé de Miles Davis, le jeu avec le silence.

– Qu'est-ce que je vais faire d'une voix pareille, qu'est-ce que je vais faire pour ne pas l'abîmer ?

J'appelle Malia à Londres.

Elle débarque deux jours après, rendez-vous au Café de la Paix. Elle est accompagnée d'une amie française qui fait le chaperon. Je lui explique, je suis marié, j'ai des enfants, elle viendra travailler à la maison, il y a de quoi dormir, Stéphanie a l'habitude, c'est en fait un studio résidentiel qu'elle me laisse quelques jours pour écrire des chansons.

La semaine suivante, elle s'assied en tailleur sur un large tabouret, ses dreadlocks tombant sur son visage. Quand je lui ai joué la mélodie au piano, elle n'a rien dit, rien chanté. Elle m'a juste demandé de lui faire une cassette pour écrire quelques mots dans sa chambre. Étonné et vaguement inquiet, je me suis rassuré en me disant que, bien sûr, étant anglaise, elle ne pouvait pas chanter en yaourt, cet anglais de lavabo qu'utilisent toutes les chanteuses françaises quand les textes ne sont pas écrits. Vous imaginez un Français improviser des sons avec des mots français, toiii, moiii, la baaaaa, sur la taaaable, dans tes yeeuuuu, fromaaage et saaaage, rimmeee lamentaaaableu.

Une heure plus tard, Malia revenait avec un couplet et un refrain.

Elle s'assied donc en tailleur sur le large tabouret de piano, le casque sur les oreilles... La ballade que je lui ai écrite lui va comme un fourreau, je suis dans un bar de La Nouvelle-Orléans, et Humphrey Bogart va entrer dans la salle, et je lui dirai « Ta gueule, Humphrey, Malia chante... ».

Grâce à elle, je reviens à l'essence du jazz, comme à mes débuts, comme avec Horn Stuff, comme avec Betty.

Un an d'allers-retours tranquilles entre Paris et Londres, et puis la rencontre avec un directeur artistique intelligent, Patrick David.

– Cherche pas à faire de la merde pour les radios, les écoute pas, les Rogers du Marketing qui te demandent de faire du R 'n' B, tu ne pourras pas lutter contre les grosses productions américaines, reste dans le jazz, sois encore plus roots même, n'aie pas peur, lâche-toi.

Fort de cet allié précieux, j'ai affronté les rois du marketing avec plus de cran que d'habitude. Ils m'avaient déjà bousillé Sarah, qu'ils m'avaient signée avec la promesse d'en faire une Harry Connick au féminin pour me demander finalement de leur composer des tubes pour NRJ genre Ophélie Winter. Malia, ils ne me l'abîmeraient pas. Forts du soutien de mon DA qui avait des oreilles, nous avons résisté. Et quand nous avons vendu cent mille albums dans plusieurs pays d'Europe, les mecs du marketing se sont félicités d'avoir fait de l'anti-marketing...

Je l'accompagnais au piano sur scène. Qu'il était doux de renouer avec le jazz... Pendant ce temps, Liane avait pris des chemins opposés : retour à la variété, chirurgie esthétique et musicale, Balavoine, Goldman, tout le monde me disait « On la préférait avant », comme si c'était ma faute. On était redevenus potes, pourtant, sans la pression de la musique ; elle me faisait même rire avec ses imitations alors que quand elle était ma gonzesse, je ne supportais pas qu'elle fasse rire les autres.

Bref, tout allait plutôt bien, je m'étais reconstruit un amour, une famille, une musique, quand un jour, un coup de fil de Varda Kakon, patronne de l'artistique chez BMG...

– J'ai mis ton nom sur une liste, M6 va faire une nouvelle émission de castings, ils cherchent un compositeur, viens, ça peut être fun.

*
* *

Dernier étage du 89, avenue Charles-de-Gaulle, à Neuilly.

Grandes baies vitrées, vue sur tout Paris, parquet zen en bois clair, on se croirait dans le paradis du *Ciel peut attendre* de Lubitsch. Une secrétaire me fait patienter, une autre vient me chercher, bureau de Thomas Valentin, regard clair, sourire serein.

– Vous pensez quoi de la télé-réalité ?

– Ben, j'habite à la campagne et je capte tout sauf M6 et TF1.

Regard choqué. Je me rattrape comme je peux.

– La dernière de la Star Ac, la brune, euh, Gwenaëlle, non, Nolwenn, je ne pensais pas qu'elle gagnerait, je pensais qu'ils voteraient pour la blonde. Ça m'a réconcilié avec le concept, elle a une jolie voix, elle devrait chanter du fado, comme quoi, finalement, le public n'a peut-être pas si mauvais goût que ça, si on lui proposait d'autres choses...

Je m'arrête.

– Justement, me dit-il, on voudrait lancer un nouveau programme qui marche très fort en Angleterre et aux États-Unis, « Pop Idol ». C'est une émission basée sur des castings, on n'enferme pas les candidats dans un château, on vous demande juste de faire votre métier devant des caméras.

– Mon métier ?

– Ben oui, écouter et choisir des voix parmi vingt-cinq mille candidats. Vous aimez ça, les voix ?

Un hangar désaffecté, dans les studios télé de la Plaine-Saint-Denis, Cacacitta.

Répétition. On nous installe derrière une table recouverte d'une nappe bleue, un directeur de production se campe devant nous.

– Je suis un candidat, je viens de chanter, c'est horrible, envoyez vos commentaires.

Varda envoie une vanne, Dove rigole, Lionel casse.

– J'en vois un qui ne dit rien.

Le directeur de prod me regarde. Qu'est-ce qu'il veut que je lui dise, il n'a même pas chanté ? Il recommence.

– Je suis une candidate maintenant, je m'appelle Ginette, je viens de Limoges.

– Ginette, vous manquez terriblement de sex-appeal, sourit Varda.

– Il faudra faire un autre métier, lance Dove.

– Il faut coucher pour réussir, insiste Lionel.

– J'en vois un qui ne dit toujours rien, remarque le directeur de la production en me regardant.

Qu'est-ce que je fous là ?

Je le prends ou je le prends pas, ce train pour Toulouse ?

Quand je suis sorti du bureau de Thomas Valentin, j'étais sûr qu'ils ne me choisiraient pas. Trop atypique. J'avais assuré mon propre casting d'une manière mécanique, j'étais casté, il fallait que je sois bon, c'est comme quand Hitchcock fait sulfater Cary Grant par l'avion qui le poursuit. Un objet qu'on voit à l'écran doit remplir sa fonction, et la fonction de l'avion, dans ce film, c'est de sulfater les récoltes. Donc quand Cary Grant se cache dans un champ, l'engin lâche les pesticides. Le pilote sait très bien que ce n'est pas en sulfatant qu'il va le tuer, mais il le fait parce que c'est sa fonction. J'étais casté, il fallait que je sois bon. C'était mécanique. En sortant du bureau, je me disais « mais qu'est-ce que tu viens de faire ? ». Je me suis rassuré, convaincu qu'ils ne me prendraient pas.

Pendant trois semaines, aucune nouvelle, j'étais tranquille. Et puis trois jours avant le verdict, un coup de fil.

– Félicitations, c'est vous...

Et maintenant je dois attraper ce train pour Toulouse où commencent les premiers castings. Je suis allé trop loin, quel sens ça a, tout ça, il sont où, mon jazz, ma Berklee School, j'ai l'impression de repartir avec Michelle Torr vingt ans plus tard. Quelle rencontre sera au rendez-vous, cette fois-ci ? Je vais finir par perdre mon âme, avec mes conneries.

Toulouse, c'est écrit en grosses lettres de polystyrène, à la gauche du candidat. Les filles chantent Lara Fabian, les garçons Florent Pagny. Justement, un petit gros attaque :

– *Chanter, pour oublier ses peines, pour bercer un enfant, chanter...*

J'éclate de rire. Varda aussi. Le pauvre candidat s'arrête, je m'excuse.

– Reprenez, c'est l'émotion.

– *Chanter...*

Je me pince le nez, ça sort par les oreilles.

– Pardon, cette chanson me rappelle un souvenir trop violent.

Il reprend une troisième fois.

– *Chanter...*

Trois éclats de rire cette fois. Il s'arrête.

– Vous n'êtes pas gentils.

Et il s'en va. Dove lui court après pour s'excuser.

Je ne rigole plus du tout. Un cameraman grimace. Il fait les gros plans sur les visages des candidats, sur leur détresse, leurs gouttes qui perlent, leurs rictus qui se veulent des sourires quand on les assassine. Justement, je suis passé maître dans l'art d'assassiner avec le sourire. C'est tellement exaspérant d'entendre des chansons insupportables chantées par des voix encore plus insupportables que je prends vite le pli et remplis par là consciencieusement mon office, je fracasse, je pulvérise, j'envoie de la rhétorique lourde, mais avec le sourire.

Et puis un jour, la grâce... À Marseille, Thierry Amiel chante Léo Ferré. Se retenir pour ne pas pleurer. Il a vingt ans, on dirait que la chanson vient d'être écrite pour lui. Et puis un autre jour, à Paris, Alexis, géant black capable d'instiller sa soul vénéneuse sur du Francis Cabrel. La grâce qui côtoie les tocards, la métaphore de la vie à travers le prisme de la télé. Un autre jour à Lyon, un candidat Schpountz. Mes préférés, ceux qui pensent qu'ils sont born to be a star, attitude de crooner, un grand manteau en fourrure, une main sur la hanche, l'autre tenant un micro imaginaire, il chante *Vous, les femmes* en regardant Varda droit dans les yeux. On lui règle son compte prestement, il semble surpris, presque peiné pour nous qui passons à côté d'un talent d'une telle envergure. Une fois la sentence tombée, il prend un air grave, s'avance lentement vers Varda en mettant la main à sa poche revolver, et lui dit « J'ai quelque chose pour vous ». Les cameramen sont prêts à bondir, je m'avance vers Varda pour la protéger, et le mec dégaine un CD qu'il embrasse avant de lui remettre. Pff. On pensait tous qu'on y avait droit, cette fois-ci, après tout ce ne serait que justice. Tous les sociologues attendent le moment où un gamin va péter un plomb et commettre un meurtre en direct. Pas pour cette fois.

Les saisons s'enchaînent, et les candidats deviennent majestueux. Le jury change, et se met à swinguer avec l'arrivée de Marianne James et Manu Katché.

Le premier jour du casting, un Australien de la production qui vérifie que la bible de son concept est scrupuleusement suivie a la bonne idée de soumettre un membre du jury à l'oreillette. Qui d'entre vous ? Eh bien Marianne : avec ses cheveux, ça ne se verra pas. Premier candidat, Marianne arrache l'oreillette et regarde l'Australien qui vient au rapport droit dans les yeux :

– Si tu veux que je joue les nazis, c'est pas toi qui vas m'apprendre, j'ai fait mille représentations en chanteuse wagnérienne. Maintenant, je peux sortir le fouet, mais tu seras le premier à morfler, connard.

On n'a plus entendu parler d'oreillette, la production n'osait plus envoyer personne pour nous briefer, on était devenu un jury incontrôlable, et on a commencé à faire la blague ; l'émission touchait maintenant les bobos en même temps que la mythologique ménagère de moins de cinquante ans. Grâce à Marianne et à Manu qui n'en avaient rien à péter de rien, et qui en avaient envoyé chier d'autrement plus coriaces, on avait ouvert un espace de liberté dans un programme formaté qui explosait aux coutures sous les coups de boutoir de quatre fendards iconoclastes. Une entreprise de détournement télévisuelle et musicale avait lieu une fois par semaine devant des millions de téléspectateurs. L'appel de Marianne – « Français, vous avez de la merde dans les oreilles » – créa le scandale dans la presse mais l'audience grimpait : « Bravo, continuez. »

Bref, c'était la fête, sans compter le Steve Estatoff qui, quand on l'avait casté, nous avait valu une volée de bois vert – « Celui-là, de toute façon, avec ses cheveux sales, il se fera éliminer tout de suite à Baltard » – et qui obligeait les programmateurs à choisir des chansons rock de Nirvana ou d'ACDC, du jamais vu à la télé française depuis le passage des Beatles à « Cinq colonnes à la une », en 1964.

La fête, je vous dis. Je découvrais que j'avais presque autant de plaisir à jouer avec les mots qu'avec les notes de musique. Tout le monde était persuadé que je préparais mes répliques, à quoi je répondais que j'étais un jazzman et que j'improvisais, et que c'était vraiment le candidat qui m'inspirait, dans l'instant, un envol lyrique ou une logorrhée ésotérique qui m'emmenaient si haut que je foirais souvent mon atterrissage.

La technique de Marianne était différente. Elle savait capter le moindre battement de cils d'une candidate, le moindre rictus labial, pour aller dans une analyse terriblement incisive ; le pauvre candidat se retrouvait scanné de la tête aux pieds, déshabillé, démasqué, impitoyablement.

Quand une jolie fille à la forte poitrine chantait faux, Dove disait : « C'est dommage, vous avez quelque chose, mais ça n'est pas encore au point, c'est vraiment dommage. »

Quant à moi, chaque fois qu'une pétroleuse à la voix de velours chantait *Fever* à peu près correctement, j'étais aux anges. Laura puis Beverly en Rita Hayworth postmodernes participaient sans le savoir à ma guérison. J'étais touché mais je ne coulerais plus, désormais. Enfin la grâce de se laisser charmer sans avoir le cœur lourd, enfin la légèreté d'apprécier une jolie voix sans se laisser posséder par un sentiment d'urgence qui emporte tout sur son passage. J'étais guéri, sans avoir perdu l'inspiration pour autant, mon travail avec Malia en témoignait : je pouvais désormais composer sans la fièvre et sans la douleur d'un amour total, d'une projection idéale. Oui, j'étais guéri. Je pouvais apprécier une belle voix sans tomber amoureux de la chanteuse, je pouvais désormais composer pour elle en sublimant le sentiment d'amour que me procurait sa voix, je savais transformer le désir en énergie créatrice, en inspiration pure, en un flux urgent de notes et d'harmonies s'enchaînant, s'enlaçant, jouant la métaphore parfaite des amours terrestres. Zeus revêtant l'aspect d'un cygne pour séduire, Dionysos et sa flûte, je laissais désormais les jeteurs de charmes à leur savants subterfuges pour avancer, démasqué et léger comme une plume, vers le charme féminin qui ne m'atteindrait plus désormais au corps mais élèverait mon âme et celle de mon égérie vers les sommets apolliniens.

Entre la sirène qui fait plonger et la muse qui élève, j'avais choisi désormais mon chant...

Épilogue

9 novembre 2006, dans ma bonne ville de Lyon, cinquième saison de castings, le jury est fatigué et anxieux, la saison de trop ? On se connaît par cœur, on sait d'avance ce que va dire l'autre, Marianne encaisse stoïquement les critiques déchaînées de son album qui n'en mérite peut-être pas tant – elle a délivré un album intimiste là où le public attendait sa démesure et ses accents de diva ; Manu est de plus en plus excédé par les casseroles, ces fameux candidats présélectionnés parmi les pires pour faire la blague à la télé ; Dove ne se supporte plus lui-même, avec ses incohérences et ses absurdités ; quant à moi, j'attends l'envers de la médaille, la loi karmique du retour sur investissements : le juge sera jugé, le bourreau soumis à la torture... Qu'est-ce qui me pend au nez, avec toutes les

phrases terribles que j'ai assénées ? Je me pose la question depuis le début de ma participation à ce jeu cruel...

C'est mon tour de faire le maître de cérémonie pour accueillir le candidat. Je viens de m'engueuler une fois de plus avec Dove. La porte s'ouvre. Nous faisons le silence. Une jeune fille timide entre dans la pièce.

– Bonjour mademoiselle, vous vous appelez comment ?

– Gaëtane.

– Vous avez quel âge ?

– Dix-huit ans.

– Vous venez d'où ?

– De Saint-Étienne.

– Bien, et vous allez nous chanter quoi ?

– *Spider's Web*, de Katie Melua.

– Très bien, quand vous voulez.

Elle chante. Une voix profonde sort de cette bouille d'enfant grave, un chant orphique qui vient de loin, de très loin, qui n'a pas d'âge, une invocation d'esprits tutélaires cheyennes mêlés à des elfes irlandais. La voix grave se brise dans des accents déchirants, l'émotion pure est palpable, le grain dense et splendide, les aiguës, comme des flèches d'or, vous touchent en plein cœur. Un fluide majestueux se répand dans la pièce, son regard vert profond m'emmène vers des pâturages inconnus. Mes liens se desserrent lentement et tombent au pied du mât. Je suis libre. Je flotte dans l'espace.

Et merde.

Table des matières

DEUXIÈME PARTIE

L'apprentissage

TROISIÈME PARTIE

Liane

Direction littéraire
Huguette Maure
et
Édouard Boulon-Cluzel

Impression réalisée sur Variquik par
Corlet Imprimeur
14 Condé sur Noireau

pour le compte des Éditions Michel Lafon
en Février 2008

Imprimé en France
Dépôt légal : février 2008
N° d'impression : 110129
ISBN : 13:978-2-7499-0796-3
LAF 997